望海樓圖　佚名　明代　絹本設色
臺灣故宮博物院藏

畫中樓閣矗立於城牆之上，主樓為三重檐十字脊歇山頂，斗栱單抄三下昂，山花內設虹樑，屋脊飾有吻獸、檐椽描繪精細。柱頭施欄額、設普拍枋，轉角處皆出頭，樑枋上並繪有裝飾圖案。明代建築裝飾手法明顯較宋元時增多，外檐斗栱已從結構件變成裝飾構件，斗栱之昂多為假昂，昂嘴、昂面的造法與宋製一樣是“琴面昂”，即昂嘴中部向內頓成彎形，面上凸起如琴面。

道教文化叢書藝術精華系列之二

玉宇瓊樓

道教宮觀的規制與信仰內涵

Magnificent Houses for the Immortals: Guidelines and Doctrines in Taoist Architecture

五洲傳播出版社

無極之門

玉宇瓊樓

目錄

甘肅平凉崆峒山

總序

太上道祖說，“道”看它看不見，聽它聽不到，摸它摸不著，它沒有狀，也沒有象，恍恍惚惚。然身在凡世，欲作修行，仍得借有形之物，去了悟無形之“道”。是故人以筆墨丹青勾勒金容，用金石土木雕塑寶相，又營建巍峨殿宇，編定莊嚴威儀，使信道修道，皆有所仰，久而久之，漸成傳統，正如《洞玄靈寶三洞奉道科戒營始》所言：“立觀度人，造像寫經，供養禮拜，燒香明燈，讀誦講說，傳授啟請，齋戒軌儀，修行法相，事事有則。”黃冠羽士以外，歷代名士隱賢託跡道德南華，亦以詩文書畫抒發清靜逍遙之旨，神往眾妙之門。此等創作皆蘊含至心至誠，而其臻於至真至美者，即達常人所謂藝術之境。

從道教藝術作品可探究大道的玄奧，但要認識此門學問殊非易事。珍藏瑰寶，散落天下名山宮觀及博物院，往往難得一見，即使得見，也未必懂得其理。《清和真人北遊語錄》載，曾有工匠向尹清和祖師請教塑造道像之法，清和祖師就提出“不惟塑之難，而論之亦難”之見，認為“道家之像，要見視聽於外，而存內觀之意，此所以為難”。所謂“內觀之意”，往往不能盡之於言。因此之故，向來有關道教藝術之圖鑑和專論，少之又少，修道向道之人欲了解此門知識，可謂難之又難。

蓬瀛仙館地處香港粉嶺，立觀度人八十餘年。同人傳全真龍門之法脈，遵純陽長春之訓誨，本弘道立德之宏旨，發濟世度人之大願，宣道弘法，服務社會。近十餘年為切合時代發展，於弘道闡教上更多有創設，如興辦香港道樂團、道教文化資料庫網站、道通天地電視頻道，及捐資成立香港中文大學道教文化研究中心和上海音樂學院蓬瀛道教音樂研究基金等，力圖以嶄新形式，振興玄風。與此同時，為倡導道教圖書的出版，乃延請專家學者編撰道教文化叢書，以期道學之昌明。

王宜峨女史在中國道教協會供職有年，潛心道教藝術之研究，學養深湛，著作等身。退休之後，仍勤於撰述，今為向大眾引介道教藝術之精神和成就，將多年心得付諸筆墨，勒成巨編。承王宜峨女史眷注，將書稿交託本館出版。同人撫卷細讀，讚佩其書分題立論，條陳清晰，彩圖精美，解注詳盡，深慶今後欲研習道教藝術之士，可得入門之方。今首冊告成，謹綴數言，茲以為序。

蓬瀛仙館理事長

馬梓才　謹序

天運歲次辛卯（二零一一）仲春吉旦

山西介休綿山中的道觀

本書所涉及中國地區圖
新疆
長治潞安府城隍廟
敦煌王道士墓塔
平羅玉皇閣
介休后土廟
蒲縣東嶽廟
青海
牛王廟、東羊后土廟
王曲東嶽廟戲臺
臨汾姑射山
華陰西嶽華山
平涼崆峒山
戶縣重陽宮
周至樓觀臺　太白山
延安太和山道觀
綿陽西山
耀縣藥王山
西藏
四
青城山
青羊宮
芮城永樂宮　芮城廣仁王廟
解州關帝廟
萬榮東嶽廟　飛云樓
秋風樓　稷王廟
雲南

黑龍江
吉林
遼寧
內蒙古
北京
天津
河北
山西
寧夏
山東
陝西
河南
江蘇
安徽
上海
湖北
浙江
重慶
江西
湖南
貴州
福建
臺灣
廣東
廣西
澳門
香港
海南
千山無量觀
北京故宮欽安殿
北京白雲觀　北京東嶽廟
渾源北嶽恆山
洪洞水神廟
龍山石窟　太原晉祠
泰山　泰山碧霞祠　泰安岱廟
東鎮沂山玉皇閣
長子玉皇廟
晉城玉皇廟
登封中嶽廟
鹿邑太清宮
開封延慶觀
茅山道院
蘇州玄妙觀
上海大境廟　上海城隍廟
葛嶺抱朴道院
廬山仙人洞
鷹潭龍虎山
濟源王屋山
湘潭南嶽衡山
臺北指南宮
惠州羅浮山　沖虛古觀
花都圓玄道觀
香港黃大仙祠　香港青松觀
香港蓬瀛仙館
澳門媽祖閣
文筆峰玉蟾宮

前言

建築的本質是為人類創造空間的一種工程技術，但建築造型和空間的設計卻不止於實用價值，也體現了特定族群或地域的歷史文化傳統、生活方式和美學標準。在世界建築文化中，中國古代建築有著獨樹一幟的結構與藝術特徵。從上古時代起，木結構建築一直是中國古代建築的主流。同時，它並不像其他建築文化般重視單體建築的體量和立面設計，而是追求在平面空間上以單體建築組合成複雜的院落，通過群體建築的規模來呈現宏偉壯觀的氣派。在傳統中國歷史上，這套建築理念和技術延續了三千年之久，不僅是中國文化的精髓，更對鄰近地區的建築文化造成了深遠影響。

道教建築作為中國古代建築的一個分支，它本身的發展有一個歷史過程。東漢末年的太平道和天師道教團，已經有稱為“茅室”、“幽室”、“精舍”、“靖舍”、“靜室”、“靖”的場所，從這些名稱推想，這些建築的用途和形式都比較簡樸。隨着道教信仰的內容在南北朝時期不斷完善，道教建築的規模也起了較大的變化，供奉神仙造像、供道士修煉起居的“館”、“觀”如雨後春筍，漸漸增多。直到唐宋時代，在帝王的尊崇下，道教建築發展成命為“宮”、“觀”的大規模建築群。由這時候開始，道教建築也有了“宮觀”的專有名稱。

道教宮觀沿用了中國古代建築的木結構技術和院落佈局，但在選址、設計和建造時，卻添注了道教信仰和獨有的文化理念。道教把宮觀視為天上神仙降臨凡間的地方，是天上神仙世界在人間世俗世界中的威權象徵，故此宮觀在建築形式和藝術內容上，都致力營造出一個莊嚴神聖的空間。而這個空間須要嚴格依從道教的神仙體系佈局，從而發展出一套特定的規制。宮觀的選址和佈局，也貫徹《道德經》清靜自然、返樸歸真的主張，表現出一種追求接近自然、返還自然和熱愛自然的審美意識。而宮觀作為道士供奉神明、修煉和起居的宗教場所，當中的神像、壁畫、楹聯、匾額等，無不展現道教信仰和文化。道教建築所體現的鮮明信仰內涵，毫無疑問說明它是一種獨特的建築藝術。

保存至今的道教古建築實例並不多。由於古人認為器物的成毀屬於自然定律，對於建築物的態度亦然，所以除了陵墓以外在建築上一直沒有追求堅固久遠的想法。因此，古人並不著重對古建築原物的保存，更多時是因應實際的需要加以增修拆建。相對來說，古人更重視的是古建築的舊址和其創建年代。尤其是道教和佛教的宗教建築，當寺觀的香火越是旺盛，信眾發起的改建和擴建往往就越頻繁。這說明了為何不少洞天福地的宮觀有過千年的歷史，但它們的建築卻大多數是明清時期的遺構。可惜經過從清末起近百年的政治、社會和文化的動蕩，加上受到現代城市發展影響，這些宮觀建築的規制大多數已經不再完整和嚴格。

本書旨在通過圖文和一些現存著名宮觀的實例，對道教宮觀的產生、發展及其特點作一概括性的介紹，並對相關的一些知識給以解釋和說明，其中也兼論道教園林、塔、石窟和碑林，以此引起讀者對道教宮觀和道教宮觀建築的瞭解與興味，達到弘揚道教優秀文化傳統之目的。

陝西周至終南山古樓觀臺古代建築想像圖，現存陝西樓觀臺。

第一章

道教宫觀的概述

陜西終南山樓觀臺

位於陜西周至東南終南山麓，古稱樓觀，是老君向關令尹喜講授《道德經》之地，至今有説經臺、老子煉丹爐、老子繫牛柏、老子墓、古篆《道德經》碑石等遺跡。樓觀臺乃後人對樓觀和説經臺的合稱。近年樓觀臺在中國道教協會會長任法融的主持下重修和新建，千年古觀煥然一新。

道教宮觀的起源與功用

相傳最早的道教宮觀，是位於今日陝西周至東南終南山麓的樓觀臺。樓觀臺古稱樓觀，原本是西周函谷關關令尹喜結草爲樓，觀星望氣的地方，後來尹喜迎請老子到這裏爲他講授《道德經》。後人遂把迎奉神仙的建築統稱爲“觀”[1]。西漢時漢武帝（前156－前87在位）便曾下令在長安城興建蜚廉桂觀、在甘泉宮興建益延壽觀。

不過早期的道士爲遠離人煙多入深山幽谷修煉，他們大多數只棲身於茅舍或岩洞，直到東漢末年天師道創立“治”和“靖”等專門用作傳道和修煉的設施，這時方可說是道教建築史正式的開端。雖然早期道教建築的形式比較簡單，但已經具備一定的規模，而隨著道教的不斷發展，信仰內容不斷豐富，道教建築的功用和規模也日漸擴大。魏晉南北朝時的“道觀”和“道館”開始供奉神仙造像，且成爲修道之士修身養性的地方。唐、宋時期統治者崇奉道教，使道教建築的規格愈來愈高、規模愈來愈大，特別是由於老子被唐代皇室尊奉爲“太上玄元皇帝”，所以供奉他的建築如同宮殿般可稱作“宮”[2]。其後，許多道教仙眞也被帝王尊號爲“帝君”，供奉他們的建築也都被稱爲“宮”。從此，“宮觀”成爲道教建築的專稱。

道教宮觀始終與神仙信仰有著密不可分的關係。無論是帝王敕建或座落洞天福地的宏偉宮觀，還是民間百姓興建的一般祠廟，抑或是

① 觀：本義是宮廷或宗廟門前兩旁的高大建築。《禮記·禮運》：“昔者仲尼與於蜡賓，事畢，出遊於觀之上，喟然而嘆。”（蜡：年終的祭祀。賓：陪祭者）後來改指道教建築。

② 宮：本義是人居住的地方，《釋名》曰：“宮，穹也。屋見垣上穹隆然也。”《爾雅·疏釋宮》曰：“古之貴賤所居，皆得稱宮。”秦以後宮專指帝王居住的房屋、宗廟、神廟。殿，最早為帝皇行政之處，後與宮合稱“宮殿”。供奉“帝君”或受帝皇敕封的道教廟宇也稱宮。

老子出關圖 商喜 明代 紙本淡彩 日本靜岡MOA美術館藏

此圖描述了關令尹喜請老子講授《道德經》的故事。函谷關關令尹喜望見“紫氣東來”，預知將有聖人過關，後來果然等到老子經過。尹喜是老子的弟子，道教尊稱為文始真人。

道士所修建簡單樸素的庵堂、道院、洞窟，世間的人興建宮觀主要是爲了表達對天上神仙的崇敬。歷來道教典籍有十大洞天、三十六小洞天、七十二福地之說，道教相信這些山水秀美的名山勝境是神仙居住和遊憩的地方，是可以接近神仙的通天之境，故選擇在此興建宮觀、修道煉養。

宮觀作爲天上神仙世界在人間世俗世界中的威權象徵，既是道教徒供奉和禮拜的宗教場所，也是他們起居和修煉的生活地方。從建築發展方面來說，它的形式是從中國古代宮殿、神廟、祭壇等建築的基礎上演變而來，但在繼承傳統的過程中形成了蘊含道教信仰特點的獨特建築藝術。它們是中國古建築中不可或缺的一部分，其中還有許多成爲中國古建築藝術的瑰寶。

道教宮觀的建築思想和藝術特點

道教宮觀建築的結構、規制、佈局繼承了中國傳統的建築理念，特別是"天人合一"思想和禮儀等級制度，同時間又注入了道教本身的審美思想和價值觀念，形成了獨特的道教自身的建築風格和規制。

從考古發現，遠古時代黃河流域的仰韶文化[③]、大汶口文化[④]、龍山文化[⑤]和長江流域的河姆渡文化[⑥]中，先民就已學會構築房屋。在

③ 仰韶文化：黃河中游的新石器時代文化，距今7000至5000年，1922年在河南澠池仰韶村首次發現。

④ 大汶口文化：黃河下游的新石器時代文化，距今6300至4500年，1959年在山東寧陽堡頭村大汶口一帶首次發現，是龍山文化的前身。

⑤ 龍山文化：黃河中下游的新石器時代晚期文化，距今4900至4100年，1928年在中國山東龍山鎮城子崖首次發現。

⑥ 河姆渡文化：長江下遊新石器時代文化，距今6000至7000年，1973年在浙江餘姚河姆渡村東北發現。

杆欄式建築

杆欄式建築是從巢居發展而來，主要出現在長江下游的河姆渡等原始文明中。它是用支柱將居住面架空，構成離開地面的平臺。平臺上用榫卯把木構件連接起來，以樑柱承重，以葦蓆當牆或鋪地板，構成大房子。

河南偃師二里頭遺址

二里頭遺址是現今發現中國最早的宮殿建築。

北方乾旱地區，他們利用天然洞穴或用簡單工具挖掘地穴，然後在上面覆蓋草木，建成地穴或半地穴建築；而在多雨、河流縱横的南方，人則在樹木上巢居或建造杆欄式建築。《淮南子·氾論訓》曰："古者民澤處復穴，冬日則不勝霜雪霧露，夏日則不勝暑熱蟁虻。聖人乃作，爲之築土構木，以爲宮室，上棟下宇，以蔽風雨，以避寒暑，而百姓安之。"從此先民便有了遮風避雨、躲避動物襲擊的居所，這種親和自然大地的建築，不僅開啓了中國建築的歷史，同時也建立了中國建築以土木結構爲主流的特點。這種建築也反映了中國農業文明以耕耘爲食、以土木爲居的文化特徵。

至夏商時代，中國已經出現了帶有宮殿性質的、大型的土木結構建築。1959年在河南偃師二里頭發現的宮殿建築遺址，經考古發掘和研究確認距今大約3800至3500年，是中國目前所知最早的宮殿建築。它的規模宏大，夯土臺基東西長約105米，南北寬約100米，厚約0.8米，臺基上原本建有一座具大門、圍牆和迴廊的宏偉殿堂，殿堂前面有寬廣的庭院。由此可知，這時構成中國傳統建築的幾個基本要素：主體建築、大門、牆體、迴廊、庭院結合成的空間體系已經形成。這時的宮殿和城垣亦已表現了以高爲貴、以中爲貴的思想。

發源於《易》經的"天人合一"思想一直深深影響中國建築的發展。商周時代形成的《易》經用天、地、水、火、雷、風、山、澤八種自然物質和自然現象的變化，來解釋自然起源與人類社會的變易。

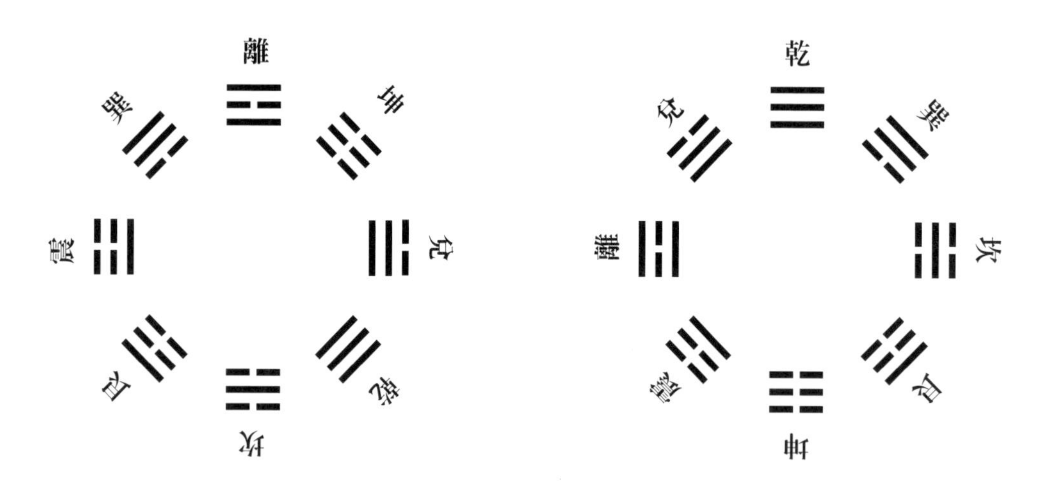

後天八卦方位圖　　先天八卦方位圖

這種觀念後來引申成爲“天人合一”的思想，認爲天地萬物與人是一體的，故此人應追求達到與自然的和諧統一。“天人合一”思想對中國文化各方面都影響深遠，也成爲傳統建築所遵從的其中一個主要理念。傳統建築的設計融入了陰陽、五行、八卦的宇宙觀，在選址、方位、結構、規制、體量等方面處處都講求和自然互相對應。

在建築選址和方位上，古人很早就強調建築要與自然因素契合。宮殿房屋要建在高地上，如《墨子·辭過》所云：“室高足以辟潤濕，邊足以圉風寒，上足以待雪霜雨露。”關於建築方位，要如《周禮·考工記》說：“惟王建國，辨方正位。”還要如《周易·繫辭下》所說：“古者包犧氏之王天下也，仰則觀象於天，俯則觀法於地，觀鳥獸之文，與地之宜。近取諸身，遠取諸物。”這提示人在建房時要看看風水，將自然現象與人事結合起來考慮選址。如果風水沒選好，小至其家，大至其國都會諸事不順。這種注重風水的思想影響極爲深遠，直至今人在建房時，爲求吉祥都要看看基址後有沒有龍脈、祖山，左右有沒有青龍、白虎，前面有沒有案山、朝山，以決定是否一個山環水抱、藏風聚氣的福地。

這種“天人合一”思想最具體反映在周代建築明堂之上。《周禮·考工記》記載夏代有世室、商代有重屋、周代有明堂，三者都是天子祭祀天地祖先、頒佈政令和起居生活的場所，其功用相當於後代皇宮和祠廟的總和。明堂建在夯土臺基上，九間房屋的平面“呈”井

明堂復原想像圖

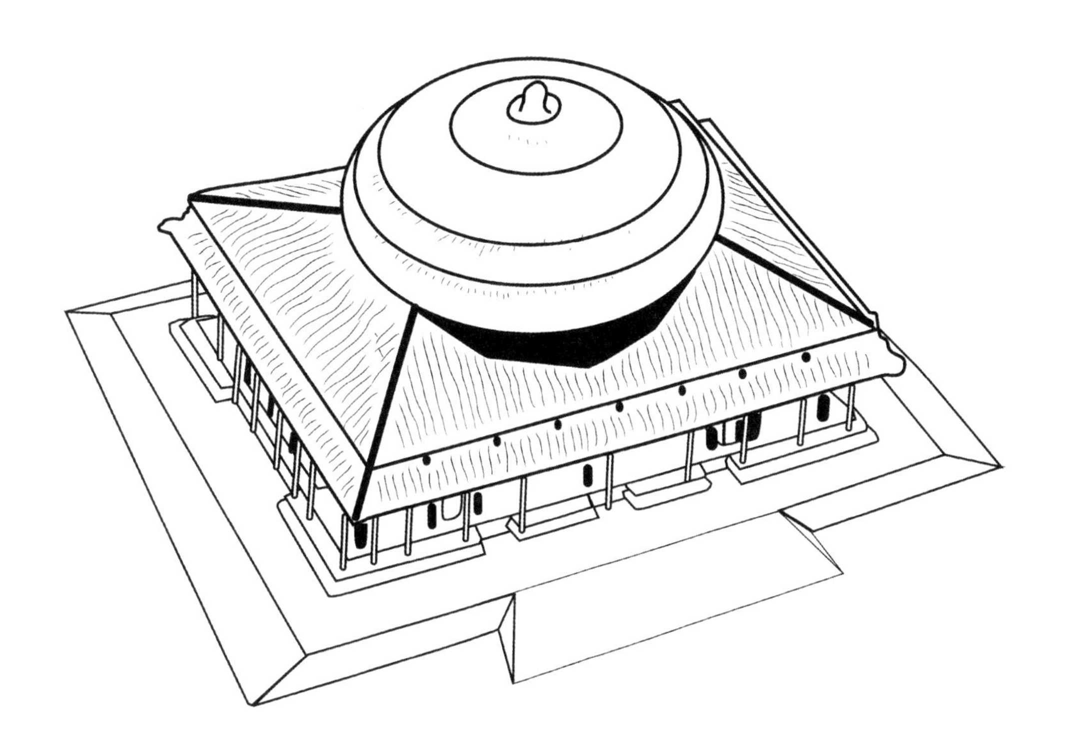

⑦ 紫微垣：中國先民把星空劃分為三垣。紫微垣為三垣之中垣，位在北斗七星的東北方，有十五顆星分成東西排列，似城牆護衛著北極星。中國先民認為紫微垣是天帝和后妃居住的地方。

⑧ 太微垣：為三垣之上垣，位在北斗七星的南方，南方七宿中軫宿和翼宿的北方，有十顆星分成東西排列，似城牆護衛著五帝座。中國先民認為太微垣是天帝處理政事的地方。

字形，中間一室稱爲"太室"。西漢劉歆（？－23）在《七略》中指出："王者師天地，體天而行，是以明堂之制，內有太室，象紫微宮。南出明堂，象太微。"星學上天帝有起居的紫微垣⑦和議政的太微垣⑧，那麼人間的天子相應就有太室和明堂，而太室四周的八室則象徵了四季或五行。由此可見明堂的結構是按照陰陽五行及天人感應的理念來設計，即如《太平御覽》（卷五百三十）所說："明堂者，明天道之堂也。"

唐杜佑（735－812）《通典》第四十四卷所引《大戴禮·盛德》及《明堂月令說》更詳盡地論述了明堂與天道的關係。《大戴禮·盛德》云："明堂九室，室有四戶八窗。三十六戶，七十二牖。蓋以茅，上圓下方。"《明堂月令說》云："堂方百四十四尺，坤之策也。屋圜徑二百一十六尺，乾之策也。太廟明堂方三十六丈，通天屋徑九丈，陰陽九六之變也。圜蓋方載，九六之道。八闥以象八卦，九室以象九州，十二宮以應十二辰。三十六戶七十二牖，以四戶八牖乘九室之數也。戶皆外設而不閉，示天下不藏也。通天屋高八十一尺，黃鐘九九之實也。二十八柱列於四方，亦七宿之象也。堂高三尺，以應三統。四嚮五色，各象其行。外博二十四丈，以應節氣也。"據此，明堂建築每一個環節分別與陰陽、八卦、星象和節氣對應。這種建築思想和建築格局一直延續到後世，例如山西太原純陽宮的八卦樓群建築、四川成都青羊宮的八卦亭、北京白雲觀四御殿院內以應六十四卦的六十四間房屋等等。

禮儀等級制度是中國古代建築遵從的另一個主要思想。“禮”是指人的行爲規範，中國傳統社會的禮制在西周時期開始形成，自此以後一直是政治體制和社會生活各方面行爲的準繩。《周禮 · 坊記》說：“夫禮者，所以章疑別微，以爲民坊者也。故貴賤有等，衣服有別，朝廷有位，則民有所讓。”禮制的根本原則是等級制度，而它的主要功能是維護等級制度。人必須受禮制規範的制約，不得逾越自己所在的社會層位。如同禮儀、服飾、器物等其他方面，中國古代建築的等級制度同樣是十分明顯和嚴格的。歷朝歷代對建築的規模、體量、樣式、開間、材料、裝飾都有等級的規定，例如普通百姓的民房不得用廡殿、歇山屋頂，不可蓋琉璃瓦、起造斗栱和油漆彩畫，這些在《周禮 · 考工記》、北宋李誡（約1065－1110）《營造法式》和清代《清工部工程造法》等書中均有記載。

北京紫禁城鳥瞰圖

故宮的建築格局是中國古代建築禮制思想的典型代表。

禮儀等級制度約束著人的建築行爲，成爲建築規劃的核心思想和原則。這種等級化、禮制化也成爲中國古代建築的重要特點，明清北京城便是最好的例子。依據《周禮·考工記》中“天子五門”的說法，北京城子午中軸線上便有天安門、端門、午門等五座主要的城樓；又按照皇宮“前朝後寢”的規劃原則，紫禁城外朝太和殿、中和殿、保和殿三大殿是辦理國事之處，內廷乾清宮、交泰殿、坤寧宮和東西兩路則是帝王后妃們的生活區。建築等級和格局也用來表達長幼尊卑之序，例如皇家建築爲皇帝居中，民間建築則是長者居中。凡此種種，道觀、佛寺等供奉神明的宗教建築也不能例外，例如明洪武年間（1365－1398）曾規定，廟宇除殿宇樑棟、門窗、神座、案座許用紅色，其餘供僧道居住的房舍均不許用紅色，並且不許起斗栱、彩畫樑棟和僭用紅色雜物、床榻、椅子等傢俱。直到1911年辛亥革命推翻清皇朝後，建築方面的等級制度才隨之瓦解。

“禮”中長幼尊卑有序的倫理思想，也造就了中國古代建築中的四合院、三合院的平面佈局。考古發現中國在西周時期已有二進院落的四合院建築，現存山西的清代王家大院和喬家大院便是多進院落、四合院建築的典型實例。每個院落由正房、東西廂房、倒座房四面房舍組成，房舍的用途以長幼尊卑的次序來分配，而中間的天井則成爲小家庭的公共活動場所，作爲建築的“氣口”流露著人與自然交融的“靈氣”。而一個又一個獨立的院落沿軸線縱向平面鋪開、層層遞進，當中通過建築體量和樣式的變化，表現出內外有別、尊卑有序、主次分明的空間秩序。

道教宮觀沿襲了中國傳統建築中宮殿、神廟、祭壇等建築形式，也繼承了其中貫徹“天人合一”思想和禮儀等級制度的建築理念。它是從中國本土的建築基礎發展演變而來，而決不似一些學者所認爲是模仿自佛教建築。凡瞭解佛教的人都知道，釋迦牟尼初創的原始佛教時是沒有偶像崇拜的，他去世後其弟子只是建塔來埋藏舍利以作紀念，所以早期佛教建築都是塔式建築。佛教傳入中國後吸取了中國宮殿建築的形式，才發展出後來的佛教寺院建築。在繼承中國傳統建築特點的基礎上，道教宮觀建築的設計要照顧禮拜神仙和道衆修煉生活

朴素的山中小道院

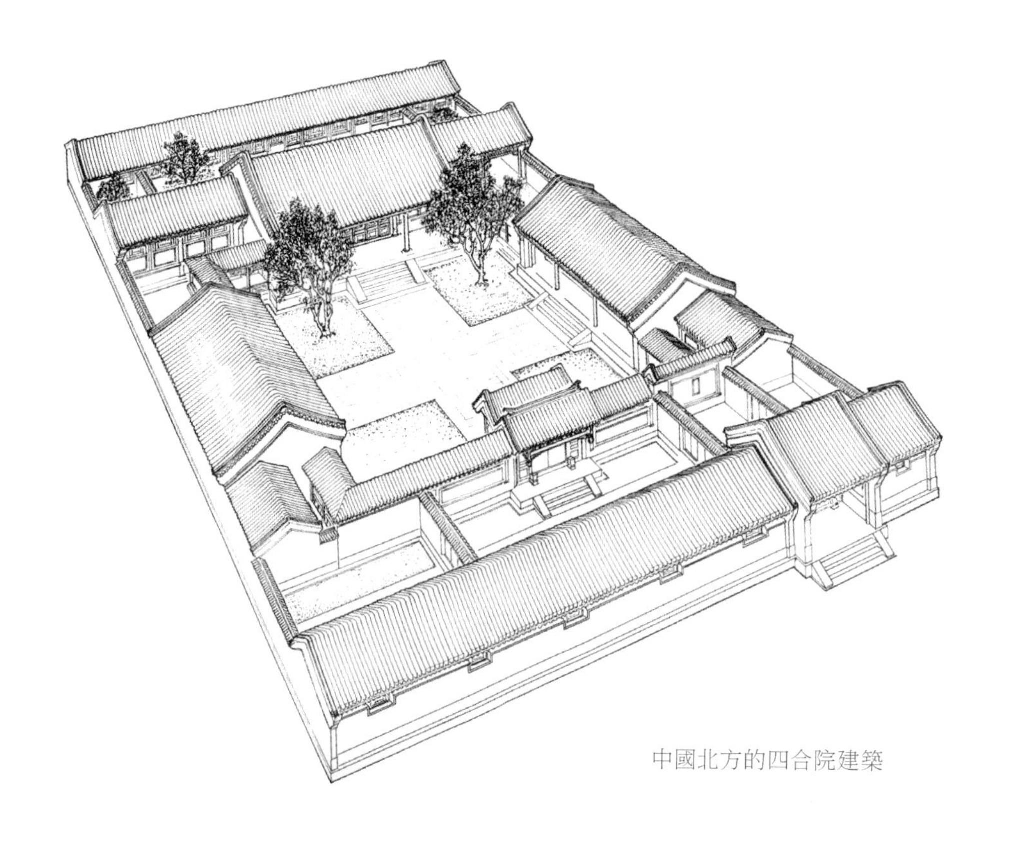

中國北方的四合院建築

的宗教功能，同時也注入了道教崇尚自然、接近自然這種既入世又出世的審美取向。

道教宗教思想十分注重自然與人的關係，這使宮觀建築比一般中國古代建築更能體現“天人合一”的理念。老子云：“人法地，地法天，天法道，道法自然。”“故道大、天大、地大、王亦大。域中有四大，而王居其一焉。”（《道德經》二十五章）認爲“道”是宇宙天地萬物之根本，而人的一切行爲應當效法廣大無垠的自然法則。老子還講：“埏埴以爲器，當其無，有器之用；鑿戶牖以爲室，當其無，有室之用。故有之以爲利，無之以爲用。”（《道德經》二十一章）非常精闢扼要用“無”和“有”的相對概念來講建築。在早期道教經典《太平經》中講得更加明確：“天與地法，上下相應：天有子，地亦有子；天有午，地亦有午；天有坎，地亦有坎；天有離，地亦有離。其相應若此矣。是故丑未者，寅之後宮也。申者屬卯，侯王之壻也。”道教這種“天人合一”思想將天地與人事相對應，把人間一切事物的變化都看成是天地宇宙反應，從一開始“法自然”就成爲道教信仰的重要根據。相反如果人悖逆自然規律與法則，定會遭到天譴。東漢天師道便認爲人生病是因爲人行爲不當得罪天地水，故此入道者生病要在靜室中思過，並作“三官手書”分別放於山、埋於地和沉於水中，以向天、地、水三官請罪以獲原宥。現在道觀中的道人每日晚上上殿作晚課，也具有思悔一天之過、向天地神靈檢討、獲取天地神靈原諒之意。

這種“天人感應”的思想也成爲道教建立宗教活動場所的根據和原則。《雲笈七籤·二十八治》引《張天師二十四治圖》說：“太上以漢安二年（143）正月七日申時下二十四治，上八治、中八治、下八治，應天二十四氣，合二十八宿。”東漢天師道張道陵創立“二十四治”，包括上八治陽平、鹿堂、鶴鳴、漓沅、葛璝、庚除、秦中、眞多，中八治昌利、隸上、湧泉、稠稉、北平、本竹、蒙秦、平蓋，下八治雲臺、濜口、後城、公慕、平岡、主簿、玉局、北邙，多數分佈於川西、川北一些地勢險要的山區。後來這個制度由系師張魯（？—216）加以充實發展，成爲一個集宗教作用、行政管理和軍事活動功能的組織單位，交由“都功”、“祭酒”等人員管理。而這個制度的設立是以對應天象和節氣的原則設立的。

後來道教在建造宮觀時也本著法天、法地、法自然的思想，及順乎“自然”的規則來建造。建造宮觀時要依照八卦方位佈局，以乾南坤北故取子午線爲中軸，整個建築群要座北朝南，三清殿、四御殿、玉皇殿、祖師殿等主要殿堂均設在中軸線上。中軸線兩側又按照東邊爲陽、西邊爲陰，坎離對稱的原則來設置配殿，如三官殿、火神殿要在東邊，而元君殿、八仙殿等要在西邊。這種對稱的佈局不僅表現了追求平穩、持重和靜穆和諧的中國建築審美觀，更體現了中國傳統的“尊者居中”、長幼尊卑有序的等級制度。在較大的叢林，道衆起居生活的住房多建在東跨院。因爲按照陰陽五行思想，東方屬木是陽氣初生的方位，這正符合道士修行追求“純陽”以達到返還於“道”的目的。而西跨院多爲配殿，或是作爲雲遊道衆和香客居士們的臨時客房。

多數道教宮觀沿襲了傳統的四合院建築格局，又賦予了道教信仰的內涵理念，認爲這種由四面房子組成的格局能夠對應木、火、金、水四正，加上中央黃土，五行俱全，利於藏風聚氣。大的宮觀常由數進四合院、三合院縱向鋪開，組成一個統一的建築群，當中一層院落又一層院落，依次遞進，形成鱗次櫛比的發展勢態。道教認爲這樣可以聚四方之氣，迎四方之神，也更好地分辨神仙譜系和神人之間的長幼尊卑等級關係。

道教建築宮觀在選址上，強烈表現出一種追求接近自然、返還自然和熱愛自然的審美意識。道教主張“道法自然”，崇尚自然無爲、返樸歸眞。他們敬仰廣大無垠的宇宙自然空間，渴望人能融會到宇宙自然當中，從而像自然宇宙一樣生生不息，得到永恆的生命。道教把幽靜的山林看作是神仙居住的地方，是求得神仙度化和庇佑的理想修行地，也是避開塵世、接近自然、能夠與自然融爲一體，從而得道成仙的福地。自早期的黃老道、方仙道起，幽靜的山林便是方士、術士隱居修煉之地。

而那些能夠避開塵世、接近自然的祥瑞福地，被稱爲“洞天福地”。在中國古代神話文學中，人們多在美妙秀麗、人跡罕至的洞天勝境中，遇到神仙度化，例如《誤入桃源》講的是劉晨、阮肇誤入桃源仙境，遇到仙人的故事。基於這種信念，道教宮觀多建在這些風景秀麗的洞天福地[9]中。道教將這些洞天勝境分別稱爲十大洞天[10]、三十六小洞天[11]、七十二福地[12]。當中除了是一些大宮觀，還有一些專作修煉的小庵堂，有的就在山洞中或是簡樸的茅屋，如黃龍洞、華陽洞、賀祖洞等。那些不在山林中的大宮觀，爲了符合風水的要求和接近自然的理念，便在宮觀中建造園林、假山。

道教宮觀雖然強調超凡脫俗，親近自然，但不少宮觀卻和世俗帝王的宮殿一樣富麗宏偉，如山東泰安東嶽廟、湖北武當山紫霄宮等，這情況深刻反映了道教強調出世清修，又不放棄人間世俗生活的思想。所以，道教宮觀沒有恐懼與陰森的氣氛，取而代之的是接近現實生活的平和之感，而這正是道教法自然、“貴生惡死”思想的鮮明體現。

在這一點上，它與天主教、伊斯蘭教的建築有很大的不同，也與早期以塔爲中心的佛教寺院建築不盡相同。天主教教堂多用羅馬巴西利卡式（Basilica）、哥特式（Gothic）或文藝復興以後的洛可可式（Rococo）建築。教堂擁有空曠的大廳、高聳的尖栱和鐘塔，當光線

⑨ 洞天福地：道教認為的神仙境界，可通天地，人在這裏修煉可遇神人引導，早登仙界。

⑩ 十大洞天：道教認為由上天派群仙治理的名山勝境：第一洞天王屋山洞，第二委羽山洞，第三西城山洞，第四西玄山洞，第五青城山洞，第六赤城山洞，第七羅浮山洞，第八句曲山洞，第九林屋山洞，第十括蒼山洞。（見《雲笈七籤》卷二十七）

⑪ 三十六小洞天：由上仙所管轄的名山，被道教稱為三十六小洞天，它們是：霍桐山洞、東嶽泰山洞、南嶽衡山洞、西嶽華山洞、北嶽常山洞、中嶽嵩山洞、峨嵋山洞、廬山洞、四明山洞、會稽山洞、太白山洞、西山洞、小溈山洞、灊山洞、鬼谷山洞、武夷山洞、玉笥山洞、華蓋山洞、蓋竹山洞、都嶠山洞、白石山洞、岣嶁山洞、九疑山洞、洞陽山洞、幕阜山洞、大酉山洞、金庭山洞、麻姑山洞、仙都山洞、青田山洞、鍾山洞、良常山洞、紫蓋山洞、天目山洞、桃源山洞、金華山洞。（見《雲笈七籤》卷二十七）

⑫ 七十二福地：道教認為由上帝任命真人所治理，且其間多有得道者的名山勝境為福地，共七十二處：地肺山、蓋竹山、仙磕山、東仙源、西仙源、南田山、玉溜山、清嶼山、鬱木洞、丹霞洞、君山、大若岩、焦源、昊墟、沃州、天姥嶺、若耶溪、金庭山、清遠山、安山、馬嶺山、鵝羊山、洞真墟、青玉壇、光天壇、洞靈源、洞宮山、陶山、三皇井、爛柯山、勒溪、龍虎山、靈山、泉源、金精山、閤皂山、始豐山、逍遙山、東白源、鉢池山、論山、毛公壇、雞籠山、桐柏山、手都山、綠蘿山、虎溪山、彰龍山、抱福山、大面山、元晨山、馬蹄山、德山、高溪藍水山、藍水、玉峰、天柱山、商谷山、張公洞、司馬悔山、長在山、

中條山、菱湖魚澄洞、綿竹山、瀘水、甘山、㙓山、金城山、雲山、北邙山、盧山、東海山。（見《雲笈七籤》卷二十七）

從彩繪玻璃花窗透入室內時，會形成室內強烈的明暗對比，營造一種神秘和神聖的氣氛。這種建築的審美效果符合了天主教教徒嚮往天國的心理要求。而伊斯蘭教的阿拉伯式清眞寺，用四個大尖栱支持著穹隆頂，四個尖栱又由厚厚的牆壁支托，並用塔樓固定，殿堂內空曠明亮，反映了伊斯蘭教不崇拜偶像的信仰特點。人在這些高大的教堂和清眞寺前可感到眞主的偉大，走進殿內又有如進入一個神秘的世界，而人在道教宮觀內卻是另一番感受，無論處於高牆深院的殿宇樓閣，還是簡樸的茅屋、石洞，都會感受到平易親切的氣氛，神人同在，似仙似俗。道教宮觀平面鋪開的建築形式，更把空間意識轉化爲時間進程。人在其中，猶如漫遊在一個豐富多姿且不斷變化的世界，悠然感到一種時間的流動美。這種美感體驗把人帶向美好親切的神仙境界，所以道教宮觀既富有人情味，又具有浪漫色彩，它完全反映出道教既出世又入世的宗教特點。

山西臨汾姑射山

姑射山位於臨汾市城西，自古便為神仙方士和道人修煉之處。《莊子．逍遙遊》云："藐姑射之山，有神人居焉。肌膚若冰雪，綽約若處子，不食五穀，吸風飲露；乘雲氣，御飛龍，而遊乎四海之外。"山因此而得名。據《呂氏春秋》記載，帝堯曾往姑射山拜謁古四大賢者。宋金時有道士皇甫靖，元時道士任志真、王德仁均在此建廟修道，無名之道人就更多了。山中的南仙洞、北仙洞、神居洞、堯廟等均曾為道人居住。

山東泰山天街石雕牌樓

山東泰山碧霞祠山門

山東泰山石登道 ➤

泰山是中國五嶽之首，又名岱宗、岱嶽，位於山東泰安市境內。泰山是三十六小洞天中的第二洞天，也是歷代帝王舉行封禪大典之處。

陝西華山蒼龍嶺

華山為五嶽中的西嶽，位於華陰市城南，是三十六小洞天中的第四洞天。華山歷來以奇險峻秀冠天下，山中廟宇古蹟隨處可見。

陕西華山中峰

山西恒山北嶽廟

恒山又名太恒山、元嶽、常山，是五嶽中的北嶽，位於渾源縣城南。相傳舜帝巡狩四方，見恒山險峻，封為“北嶽”。恒山是三十六小洞天之五洞天。因其山勢險峻和地理位置，自古為兵家必爭之地。山中古蹟很多，樓臺殿宇分佈其中。

河南登封中嶽廟

嵩山是五嶽中的中嶽，位於登封縣東，是三十六小洞天中的第六洞天。秦時曾建有太室祠祭祀嵩山，西漢武帝元封元年（前110）擴建，其後歷代修建，改名中嶽廟。現為河南規模最大的寺觀建築群，保存有大量文物古蹟。

湖南衡山

衡山是五嶽中的南嶽，位於湖南中部，綿延數百公里，自古號稱有“七十二峰”。是三十六小洞天中的第三洞天，晉代女道士魏華存即在此山黃庭觀得道成仙。

聖帝殿

湖南衡陽南嶽大廟聖帝殿

聖帝殿供奉南嶽大帝祝融神。

陝西太白山頂峰拔仙臺遺跡

陝西太白山頂峰冰斗湖大爺海風光

◀ 陝西秦嶺太白山斗姆宮風光

太白山位於秦嶺山脈的中段，周至、太白和眉縣的交界處。主峰拔仙臺海拔3767.2米，為秦嶺主峰，也是中國大陸東部的第一高峰。太白山高聳入雲的雄偉氣勢、瞬息萬變的氣候神姿，自古以來就披上了一層神秘的色彩，成為歷代方士、道士隱居修煉之地，是三十六小洞天中的第十一洞天。

陝西秦嶺太白山風光

江西龍虎山天師府

龍虎山原名雲錦山，位於江西貴溪西南部，是七十二福地中的第三十二福地。東漢時祖天師張道陵曾於此煉丹。西晉永嘉年間（307－312）第四代天師張盛移居龍虎山，自此天師後裔在此世居。天師府坐落在上清鎮的中部，是歷代張天師的起居之所，府內樓閣殿堂，雕樑畫棟，古樹參天。

◀ 江西龍虎山象鼻山

江西龍虎山風光

廣東羅浮山洗藥池

羅浮山又名東樵山，橫跨博羅、龍門、增城三地，是十大洞天中的第七洞天，七十二福地中的第三十四福地，也是嶺南第一山。東晉著名道士葛洪（284－363）與妻子鮑姑曾在此結廬，採藥修煉，治病救人，並留有許多仙跡。

河南王屋山迎恩宮

王屋山位於濟源市的西北，是十大洞天中的第一洞天。相傳因為山中有山洞如“王者之宮”，而命名為“王屋”。主峰海拔1715.7米，其上有石壇，據説為軒轅黃帝祭天之所，故又稱天壇山。《列子·湯問》中“愚公移山”的傳説即發生於此山。山上道教宮觀星羅棋布。

河南王屋山風光 ➤

甘肅崆峒山

崆峒山位於甘肅平涼市以西，東瞰西安，西接蘭州，南鄰寶雞，北抵銀川，是軒轅黃帝問道於廣成子之處。崆峒山自然植被繁茂，四季風光秀美，自古為神仙所居之地，宏偉的道教宮觀佈於山中。

甘肅崆峒山風光 ➤

甘肅崆峒山風光

陝西耀縣藥王山洗藥池

◀ 陝西耀縣藥王山

藥王山又名磬玉山、五臺山，位於耀縣城東。因藥王孫思邈在此修道採藥，故名為藥王山。藥王山有藥王廟，供奉藥王孫思邈。

江西廬山仙人洞

廬山，又名匡山、匡廬山，位於江西九江市南，是三十六洞天中的第八洞天。相傳周代時有匡氏七兄弟入山修道，結草為廬，後人遂稱之為"神仙之廬"。廬山多險絕奇景，其中仙人洞更是名傳天下。歷代文人墨客紛紛前往，並留下許多詩詞佳話，如李白的"飛流直下三千尺，疑是銀河落九天。"蘇軾有"橫看成嶺側成峰，遠近高底各不同。不識廬山真面目，只緣身在此山中。"現代毛澤東有"天生一個仙人洞，無限風光在險峰。"

道教宮觀的建築結構

道教宮觀在結構上基本是中國傳統木結構建築，其主要特徵是用木爲骨架、用瓦覆頂、用磚砌牆。早在原始社會，黃土高原的先民在挖掘穴居、半穴居時已懂得用木材覆蓋穴頂和造支架；南方的先民在建造杆欄式建築時則已掌握榫卯銜接的技術。到殷周時期，中國已經有了技術高超的土木建築。《周禮·考工記》記載："殷人重屋，堂修七尋，堂崇三尺，四阿，重屋。"東漢經學家鄭衆（？—83）認爲："四阿，若今四柱屋。"這即是有四個坡面的廡殿屋頂建築。這樣的傳統木建築用柱、樑、枋等各種木構件組合成房架，來承托建築物上部的重量，而當中的牆壁僅用來隔絕內外或間隔室內。

建造傳統木建築一般先築好地基，然後沿著房屋進深方向立柱、在柱端架樑，繼而在樑上重疊數層短柱和短樑，到最後一層樑的中部則安放脊瓜柱。這樣就把柱和樑連接成一組完整的木構架。在兩組或

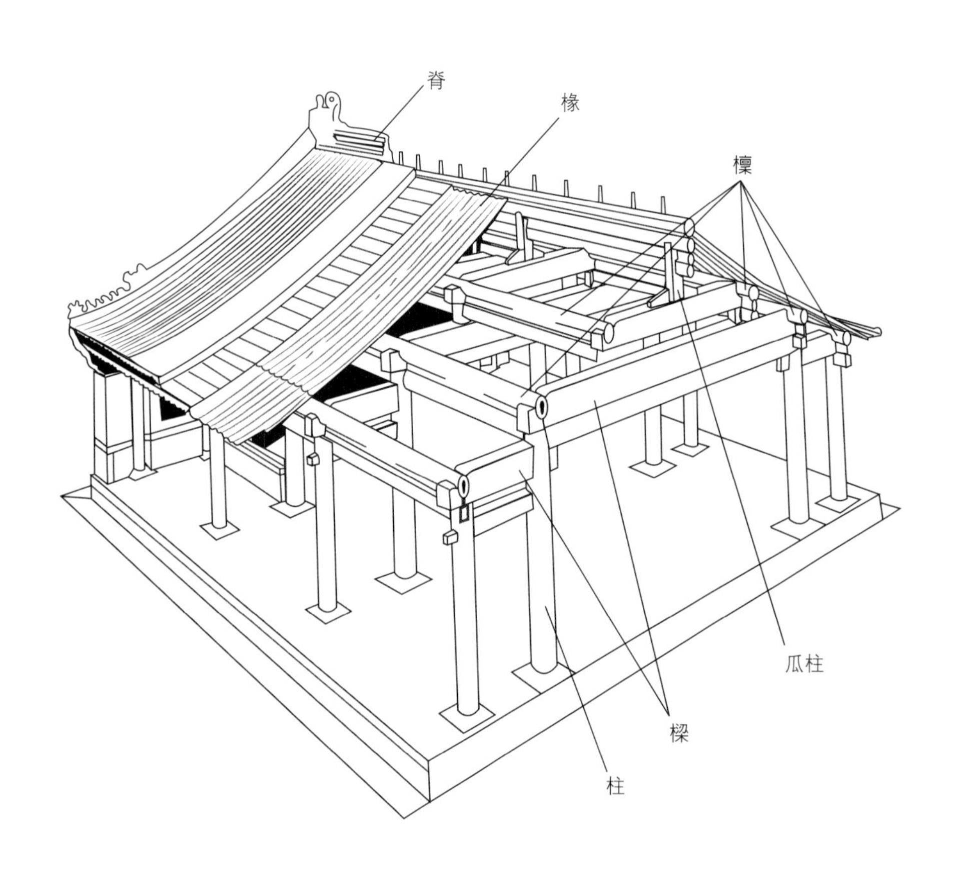

中國古建築中木樑架的結構圖

脊：屋頂中間高起的部分。

椽：在檁上與檁成垂直方向排列的木條，用作承受屋頂望板和瓦片的重量。

檁：又稱桁，是架於樑上用以承載椽或屋面重量的圓形橫木。

瓜柱：兩層樑架之間或樑檁之間的短柱。因為其高度超過其直徑而稱作瓜柱。頂托脊桁的瓜柱稱為脊瓜柱。

樑：是架於柱端斷面呈圓形、方形或矩形的橫木，用以負載整個屋頂的重量。

柱：是承受建築物屋頂或重量的直立杆體。材料上可分為木柱、石柱、水泥柱；結構上可分為檐柱、金柱、中柱等等；形狀上可分為圓柱、方柱、八角柱、蟠龍柱等等。

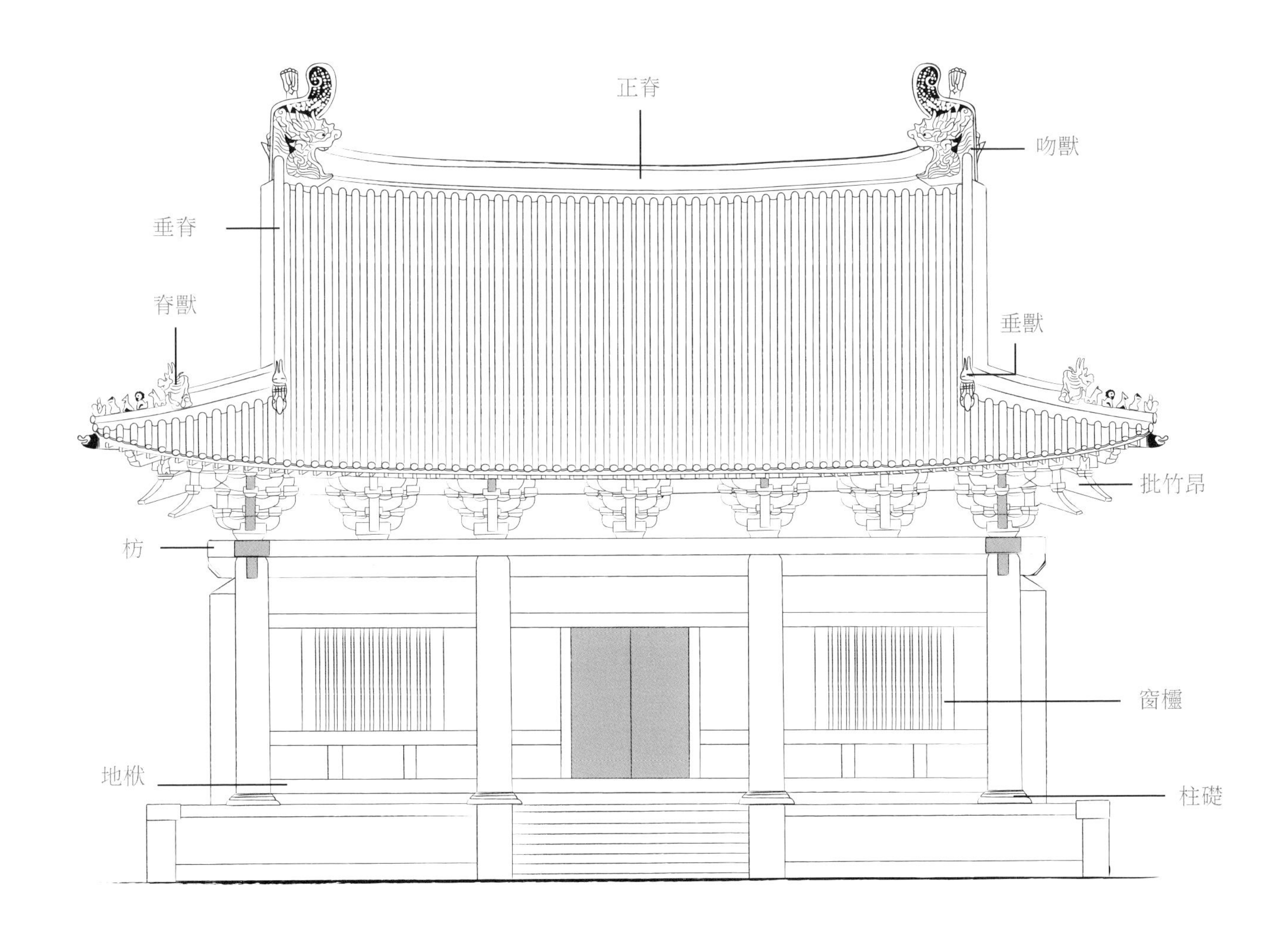

中國古建築中歇山殿宇結構圖

正脊：屋頂前後兩個坡面相交而成的屋脊，也稱大脊。

垂脊：從正脊兩端沿著前後兩坡向下垂的脊。垂脊上有垂獸作裝飾。

脊獸：屋脊上的動物裝飾稱為脊獸，其中例如吻獸、垂獸、仙人走獸等。 仙人走獸的排列和順序是有規定的，最高等級是一個仙人加上十個走獸，它們順序為仙人、龍、鳳、獅子、天馬、海馬、狻猊、押魚、獬豸、斗牛、行什。

斗栱：是承托屋頂重量的構件，由斗、栱、升、昂部件組成。其中昂的外觀有批竹昂、琴面昂等幾種。

枋：是聯繫柱端與柱端之間的矩形橫木，其水平高度和樑差不多。枋有多種，如欄額（大額枋）、由額（小額枋或由額墊板）、普拍枋（平板枋）等。

窗櫺：即窗格。“櫺”是指窗框的木條或雕刻，整個圖案稱窗櫺。唐代及唐以前常用以豎向直櫺為主的直櫺窗。後代對窗櫺的圖案十分講究。

柱礎：又稱柱頂石，即木柱下的石墩，主要作用是傳遞房屋上部荷載，並同時保護柱腳免受潮濕腐蝕或因磕碰而損壞。柱礎最早見於殷代。漢代有圓形或覆斗形柱礎，魏晉南北朝時隨佛教傳入出現蓮瓣形柱礎；唐宋時多為覆盆式柱礎，但花紋頗多；元代多用不加雕飾的素覆盆或素平柱礎；明、清官式建築多用鼓鏡式柱礎。

地栿：即建築物的門檻。

斗的木構件

栱的木構件

更多組平行的木構架之間，橫向用枋結合柱端，並在各層樑頭和脊瓜柱上放檁，在檁上再沿著坡面排列椽子作屋頂的骨架，最後就把各種木構件聯成了一個整體的房架。

高規格的木構建築在柱端和枋上還要安裝斗栱。斗栱是中國木構建築中特有的構件，它是屋頂和屋身立面的過渡，主要作用是承托屋檐的重量，屋檐出跳越深遠，斗栱的層數就需要越多。據文獻記載，斗栱大約在周代末年已開始用於建築。《爾雅》中有所謂“閞謂之椺”，閞、椺就是一種栱，而《論語》所載“山節藻棁”中的“山節”就是一種斗。漢代時斗栱已經成爲建築重要的構件，不僅用來承托屋檐，還可承托平座，在當時的石闕、冥器和畫像石上都可以見到成組的斗栱部件。到唐宋時期斗栱的構造達到了成熟。

斗栱由斗、栱、升、昂等木構件組成。斗是方形木塊，形狀類似量米斗，作用是承托栱和昂；栱是矩形斷面的短枋木，外形似弓；升是上下兩層栱之間的斗形木塊，作用是承托上層的枋或栱，實際是一種小升；昂斜放在斗栱的中線且前後縱向伸出，作用是增加斗栱高度或出跳長度。斗栱在承重作用以外還有裝飾作用，在禮制下斗栱層數的多少可用來衡量建築物的等級。隨著建築技術的不斷改良，斗栱的體量由大變小、構件由簡至繁，到了明清時期斗栱的作用逐漸從承重轉向裝飾爲主，這時斗栱僅作爲裝飾部件用於宮殿和寺觀建築，以顯示皇家和神明的尊貴。道教現存較大的古建築和近年新建的仿古建築都使用斗栱作裝飾。

山西芮城唐代廣仁王廟正殿的翼角及轉角斗栱

翼角：又稱翹角。廡殿和歇山屋頂四個坡面的交匯處都有四個轉角，因為垂脊不是直線而是像張開的鳥翼般向外翹起，故名翼角或翹角。翼角翹得越高，屋檐出跳也越深遠。一般出檐的遠近是檐柱高度的三分之一或十分之三。

1 山西長治城隍廟屋檐斗栱
2 山西新絳陽王鎮稷益廟屋檐斗栱
3 山西芮城城隍廟屋檐斗栱

木構架築好後就要在周圍用土坯或磚砌牆，用來隔絕內外和起保暖作用。屋頂的椽木上要鋪木板或草簾，然後再抹灰，最後才在上面蓋上灰瓦或琉璃瓦。瓦的選擇要視其房屋的等級，皇家宮殿或敕建寺觀方可用琉璃瓦，而普通民居只能用普通青灰色的瓦。殿宇建築在基本蓋好後還要加上大量裝飾，屋頂上要安上寶頂、鴟吻、脊獸、磚雕等，樑柱、門窗、牆壁要加上雕刻和彩畫。圍繞臺基的欄杆和欄板也要加上雕刻，這樣一座殿宇才算完成。屋檐出跳深遠加上鴟吻、寶頂、翹角，這些裝飾形成優美而多變的曲線，使本來沉重的屋頂變得優美秀逸、典雅莊嚴。尤其在高大的臺基和直立的牆身襯托下，使整個建築物顯得十分莊重和穩定，營造了一種曲與直、靜與動、剛與柔相和諧的美。正如《詩・小雅・斯干》所云："如跂斯翼，如矢斯棘，如鳥斯革，如翬斯飛。"

由於時代、地域和用材的不同，道教宮觀的建築工藝和風格也各有不同。由於北方氣候寒冷，降雨量少，所以殿宇的屋頂較重，牆體較厚以用來保暖。屋檐的出跳較淺，殿宇的正脊多爲直脊，使整座

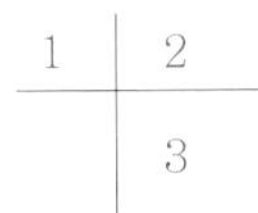

1 2 上海城隍廟屋頂脊飾
3 北京紫禁城欽安殿寶頂

上海城隍廟脊飾

殿脊上裝飾有福祿壽神仙人物、寶瓶、鴟吻等裝飾。

寶頂：屋頂中心位置的裝飾，多為圓形或近似圓形。在高等級的建築中，寶頂多由銅質鎏金材質或琉璃瓦製成，光彩奪目，例如北京故宮欽安殿等。古人為了鎮災驅邪，會在寶頂或其他屋頂中部構件中放入一個寶匣，匣體大多為銅、錫、木三種，內裝有五色線、五色綢、五色寶石、香木五種、藥材五種及五穀等。

山西芮城永樂宮鴟吻

永樂宮的鴟吻是由巨龍盤繞而成，上施孔雀藍釉彩，光彩奪目。

山西陵川西溪二仙廟後殿鴟吻

建築顯得比較莊嚴和規矩。相對南方氣候炎熱潮濕，雨量較多，故此屋頂較輕，牆壁較薄。爲求較多通風，窗戶較多，有的殿宇則全用隔板不砌磚牆，或正面開敞而僅有三面牆。屋檐出跳深遠，翼角舉折較大，檐下的迴廊既可作避雨，又不影響室內的採光，也不會使屋頂顯得過重。殿宇正脊多爲彎脊，兩端略向上挑像是燕尾一般，給人一種輕快活潑的感覺，這種樣式常見於福建、臺灣的廟宇建築。屋脊上的裝飾類型也較多，有琉璃脊飾、磚雕，還有粘剪造型（堆花），而其內容多種多樣，有吉祥圖案、花草鳥獸，還有神仙人物、歷史典故，甚至戲劇故事，上海城隍廟、廣東佛山祖廟屋脊上的裝飾就十分生動。南方的殿宇輕盈疏透，卻又不失其莊重。在少數民族地區的宮觀，又別具獨特的風格。

鴟吻：又叫正吻、大吻、鴟尾等，是正脊兩端的裝飾形式之一。從出土文物所見，吻最早出現於漢代石闕、明器上，不過形象是用瓦當頭堆砌的翹起的鳳凰、朱雀、孔雀等裝飾。魏晉南北朝時改為以鷂鷹為原型的鴟尾。唐代中晚期鴟尾演變為有短尾的獸頭，張口翹尾咬住正脊，故稱鴟吻或蚩吻。明《懷麓堂集》記載："龍生九子，蚩吻平生好吞，今殿脊獸頭，是其造像。"又說蚩好噴水，置屋上可防火。宋元時多為龍尾，明清以後多用龍吻，造型逐漸變得程式化，後被廣泛使用。

道教宮觀也沿襲了中國傳統由單體建築串聯成群體建築的特點，一座宮觀的整體是由大大小小的建築組合而成。這種建築形式從其個體來看是低矮的、簡單平凡的，但就由其組合成的整個建築群來看，卻是結構方正，對稱嚴謹，充分表現了嚴肅又井井有條的傳統理性精神，及道教追求平穩、和諧、自持、清靜的審美觀。這種以單個建築組成的院落，通過明確的軸線串聯成千變萬化的建築群，使它在嚴格的對稱佈局中又有靈活多樣的變化，而且這些變化亦不影響整體建築的風格。這種有機組合的群體建築，一步一步地向縱深方向展開，依次遞進，突出了建築空間與時間的藝術效果，宏偉壯觀而又十分穩定。北京白雲觀的建築群就是以中軸線串聯數個三合院、四合院，各進殿宇徐徐展開，變化多樣，而結構又不失嚴謹，是現存道教古建築中最能體現這一特點的典型實例。

道教宮觀的建築規制

傳統道教宮觀建築規格的高低與它所供奉神仙的品位有密切的關係。道教神仙體系雖然相當龐大，但當中的等級和統屬有十分清楚和嚴格的區別。早在南朝時，茅山宗的陶弘景（456－536）便撰寫了一部專門記述道教神仙等級次序的《眞靈位業圖》，把數百位神仙分爲七個階位，每個階位都有居中的“中位”主神和若干“左位”、“右位”的從神。道教認爲等級不同的神仙居處在不同的眞境，這與人世間帝王將相居住在不同等級的宮殿、王府、官邸是一樣的，故此供奉神仙的宮觀建築也應有不同的規格。

中國古代木建築可概括分爲宮殿建築、大式建築、小式建築三個等級，在傳統社會裏它們的屋頂式樣、間架數目、斗栱層數、裝飾圖案等各方面都須遵從嚴格的規定。宮殿建築等級最高，是帝王與后妃議政和起居的地方，例如北京紫禁城的太和殿、中和殿、保和殿以及東西六宮等。這些建築宏偉壯麗，一般爲重檐廡殿、廡殿、重檐歇山和歇山屋頂，檐下有斗栱承托屋檐出跳，開間最大可達九間甚至以上，殿宇下建有高大的臺基，屋頂可覆琉璃瓦，裝飾可採用龍鳳圖案及用紅、黃兩色。大式建築與宮殿建築相類似，但只能用重檐歇山和歇山屋頂，對臺基高度、斗栱數量和屋脊裝飾的使用有一定的等級限制，其屋頂不可覆琉璃瓦，裝飾不可描龍畫鳳及用明黃色，開間數量

北京紫禁城太和殿的重檐廡殿頂及須彌座臺基

廡殿頂：又稱為四阿式或四出水，即屋頂有四面斜坡，由一條正脊和四條垂脊組成。這種屋頂早在殷代甲骨文中就有記載。唐代用得較多，現存的唐代建築有山西芮城廣仁王廟和五臺山佛光寺、南禪寺、天臺庵等。傳統社會裏廡殿頂是規格最高的屋頂，北京紫禁城的太和殿用的是重檐廡殿頂。

臺基：主要作用是承托建築物並防水避潮。考古發現大約在夏商時代宮殿下面便築有高大的夯土臺基。後來出現由磚石包的夯土臺，更為堅固、美觀，且逐漸發展成層疊宏偉的崇臺，周圍建有欄杆、欄板。隨著佛教傳入，須彌座形式被應用在崇臺建築中，其形式為上下寬而中間收窄。須彌座崇臺可展示皇權和神權的威儀，北京紫禁城的太和殿、中和殿、保和殿就共同建在一個高三層的須彌座臺基上，而帝王敕建的道觀如湖北武當山紫霄宮紫霄殿也建有須彌座臺基。

西漢白虎紋空心磚　陝西咸陽陽陵邑遺址出土

西漢花紋空心磚　陝西咸陽陽陵邑遺址出土

磚：由陶土風乾或燒成的構件。從考古發現大約在商周時期的建築已出現了磚瓦。在陝西扶風出土過西周的殘磚，磚體很薄，反正兩面都裝飾有繩紋，反面的四角還有乳釘。春秋戰國時期的墓室中曾出土過大量的印紋磚。直至今天，磚仍然是建築中的重要材料。

北京火神廟的灰瓦

瓦：由陶土燒成的覆蓋屋頂的構件。據文獻記載和考古發現，戰國時期燕下都已能燒製筒瓦了。《史記．廉頗藺相如列傳》云："秦軍鼓譟勒兵，武安屋瓦盡振。"傳統社會裏平民百姓只可以用板瓦，貴族居處方可用筒瓦。

琉璃瓦：是上了琉璃釉的瓦片，傳統上只有皇宮、祠廟、寺觀方可使用。中國早在戰國時期已出現琉璃工藝，但質料不純，至唐宋以後較為發達。上了釉的瓦片光滑不吸水，比普通瓦片耐風雨侵蝕，且色彩亮麗。明清時期琉璃瓦的釉色除黃、綠、藍外，增加了翡翠綠、孔雀藍、紫晶、黑等色，還可製成各種圖案構件，裝飾於屋頂、照壁、牌坊等等建築上，使建築物華麗輝煌。明清時山西的琉璃製品最為精彩，例如介休后土廟的琉璃建築構件。

山西介休后土廟的琉璃瓦飾

琉璃瓦當

陝西出土的漢代瓦當

從左依次為青龍、白虎、長樂未央及與天無極瓦當。

瓦當：是屋頂瓦壟最下面的一塊瓦頭，又寫作瓦鐺。瓦當最早見於西周晚期。戰國時瓦當作半圓形，有花紋。秦漢時多作圓形，有花紋或文字。宋以後有文字者少見。瓦當既可固定屋瓦，又可方便屋頂排水以保護檐下的構件免被雨水侵濕，還有美化裝飾作用。

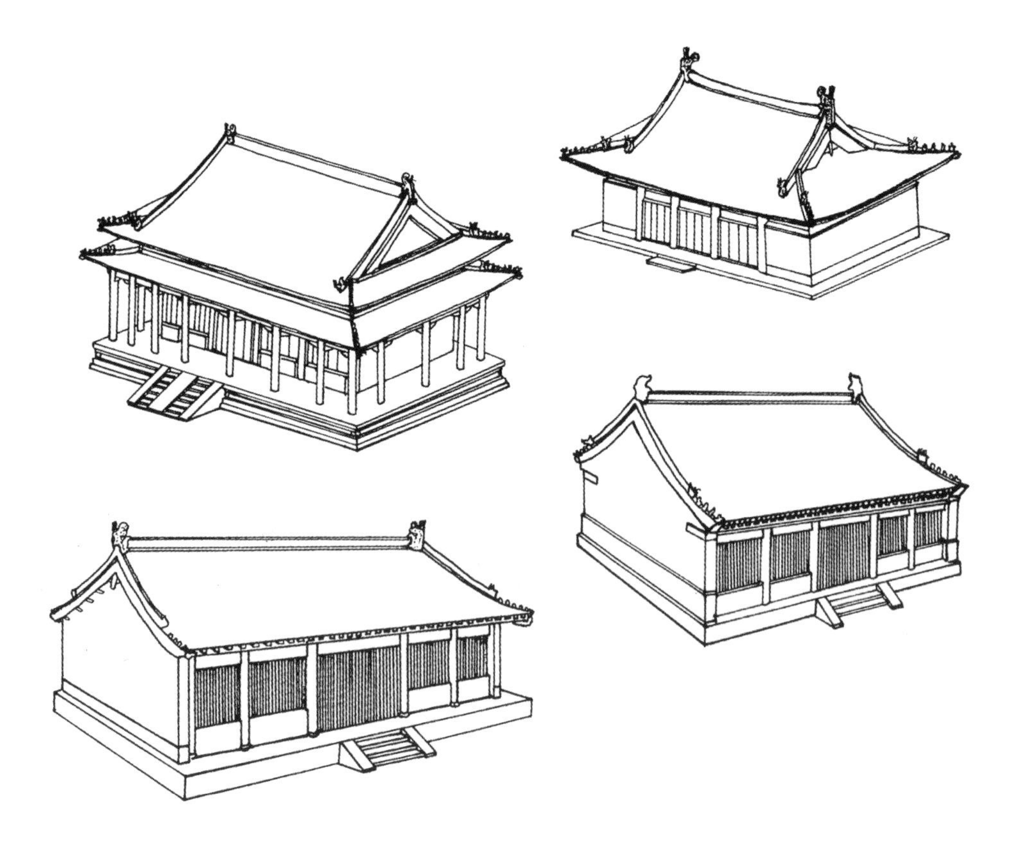

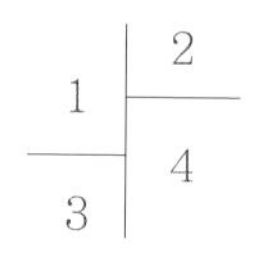

1 重檐歇山式建築
2 單檐歇山式建築
3 懸山式建築
4 硬山式建築

也相對減少。小式建築等級最低，一般是建築群中次要的建築或普通民房，多爲懸山、硬山及其卷棚屋頂，結構和裝飾上的限制更加嚴格，如不許用斗栱和筒瓦。傳統社會裏供奉道教天神、帝君的宮觀，例如三清天尊、四御上帝、眞武大帝、五嶽大帝、純陽帝君、關聖帝君等，或帝王敕建的廟宇，多是宮殿或大式建築，而一般供奉地方神明和道士用於修行的小廟，則多爲小式建築。

在道教信仰者看來，在建築中人間帝王將相所應該享受到的一切，神仙在宮觀建築中也應同樣能享受到。山東泰安供奉東嶽大帝的岱廟是五嶽嶽廟之一，"秦即作畤"，"漢亦起宮"，唐時增建，至北宋宣和年間（1119－1125）規模已是"殿、寢、堂、閣、門、亭、庫、館、樓、觀、廊、廡合八百一十有三楹"（見明代查志隆《岱史》），主殿黃瓦朱甍，迴廊環繞，院內古柏參天，碑碣林立。其他四嶽的嶽廟也都是紅牆黃瓦，殿、寢、堂、閣、亭、碑等無所不有，與人間帝王宮殿沒有差異。帝王封敕的關帝廟都是"前朝後寢"的宮殿規格的廟宇，例如山西運城解州關帝廟、清北京皇家關帝廟等。而建於全國各地保護城池的城隍廟，不僅其造像類似官員，頭戴烏紗、身著官服，其廟宇建築也頗似官衙式樣，廟中還備有城隍爺出巡時用

歇山頂：又稱九脊頂，即屋頂有一條正脊、四條垂脊和四條戧脊。屋頂上半部兩側正脊和垂脊形成一個稱作"山花"的三角形的牆面，其下端再與廡殿頂下半部結合。由於正脊兩端到"山花"的轉折好像"歇"了一歇，故稱歇山。歇山頂有單檐和重檐之分，在規格上重檐歇山頂僅次於重檐廡殿頂。

懸山頂：即屋頂最上有一條正脊，前後坡共四條垂脊，各條桁或檁懸出山牆兩側，以支托懸跳於牆外的屋頂坡面部分。也就是說屋頂不僅有前後檐，還有與前後檐尺寸相等的兩側山牆上檐。這是早期兩面屋頂的做法，多為小式建築用，明清以前多用。

硬山頂：即屋頂只有前後兩坡，中間一條正脊，四條垂脊，坡的兩端與山牆牆頭封齊，多用於民宅建築。這種建築形式出現在明代。

太簇始和圖（部分） 丁觀鵬繪　清代　紙本設色 臺北故宮博物院藏

此圖描寫上元燈節紫禁城內外熱鬧喜慶的昇平景象，畫面下方是禁城內西北隅的建福宮花園。上圖左側的吉雲樓高兩層，建築在漢白玉須彌座臺基上，卷棚歇山屋頂滿覆黃、綠琉璃瓦，門窗採用官式格扇步步錦式樣，樑柱上旋子彩畫，額枋彩畫、枋心、藻頭、盒子都精細具體。此圖是一幅寫實的樓閣界畫，可從中了解中國古代建築的樣式和規格。

卷棚頂：又稱元寶頂，屋頂前後相連接並成弧線形，沒有正脊。多用於民宅建築。

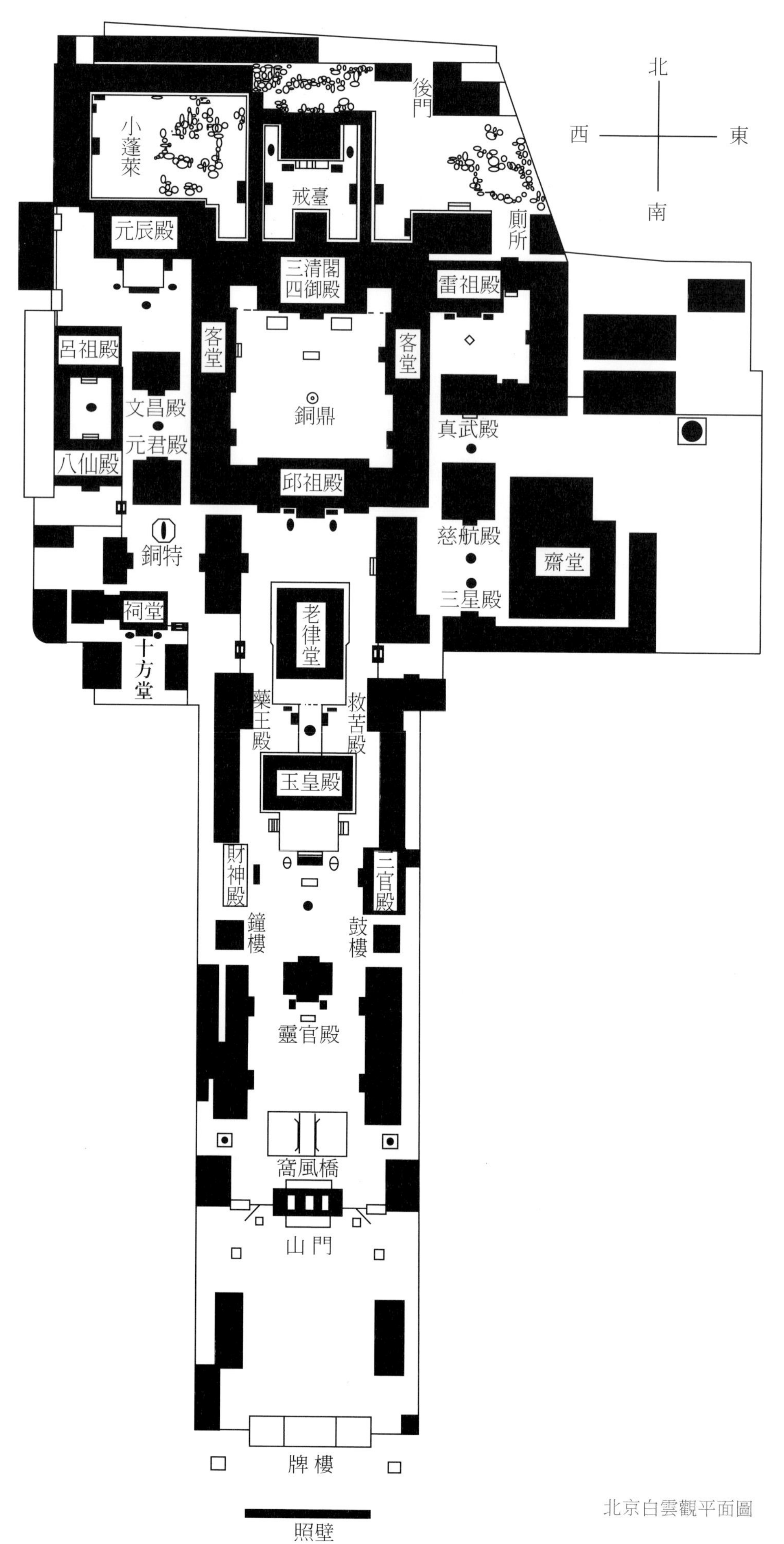
北
西
東
南
後門
小蓬萊
戒臺
廁所
元辰殿
三清閣
四御殿
雷祖殿
客堂
客堂
呂祖殿
文昌殿
銅鼎
元君殿
真武殿
八仙殿
邱祖殿
銅特
慈航殿
齋堂
三星殿
祠堂
老律堂
十方堂
藥王殿
救苦殿
玉皇殿
財神殿
三官殿
鐘樓
鼓樓
靈官殿
窩風橋
山門
牌樓
照壁

北京白雲觀平面圖

上海朱家角城隍廟正殿中供城隍爺出行用的官船

的官轎、車輦，在江南水鄉還備有官船。城隍爺也因地方行政級別的不同，其府第建築也各有不同，例如舊北京城的城隍廟是等級最高的“都城隍廟”，在其以下有省級、府級和縣級的城隍廟。

道教宮觀的規格和規模，還與統治者的態度有很密切的關係。以全眞三大祖庭之一的北京白雲觀爲例，明代皇帝信奉和提倡道教中的正一派，這使北京白雲觀幾乎一度荒廢，到清初雖然在王常月（?－1680）的領導下龍門派有中興景象，但在滿州人統治者主要信奉藏傳佛教的大環境下，白雲觀經過數次修建規格卻始終不高，主要殿堂少數爲歇山屋頂外，多爲硬山或懸山屋頂，兩邊配房更多是卷棚屋頂，殿宇普遍都低矮狹小，而除呂祖殿外亦都只用灰瓦覆頂。明清兩代帝王對全眞派的態度，從北京白雲觀的建築可見一斑。

元代以後，道教較大宮觀逐漸形成比較統一的佈局，在中軸線上建有影壁、牌樓、山門、幡杆、靈官殿、鐘鼓樓、三官殿、玉皇殿、四御殿、三清殿，以及各自的祖師殿等。中軸線兩側則建有配殿、執事房、客堂、齋堂和道士住房等，若宮觀建有東西跨院，這些建築亦可置於跨院中。

影壁也稱爲照壁或蕭牆，是設在院落大門外面或裏面的一堵牆壁建築。影壁最早出現於西周，原本是一種禮制設置，只有皇宮才可建影壁。後來官衙、廟宇，甚至普通百姓宅院也建有影壁，但是在設置位置、體量還是有等級差別的。把影壁設在門前，既使視線和走道有

1 北京白雲觀影壁
2 上海城隍廟影壁
3 山西芮城永樂宮影壁
4 陝西三原城隍廟影壁

了緩衝曲折之勢，又可以強調內外有別和保護府第的隱私。同時，影壁具有藏風聚氣和辟邪的功能，古人認爲“影壁對門，邪氣難入”，相信“氣”會縈繞影壁不散。民宅四合院的影壁一般建在院落東南角大門內，即東廂房南牆處，它們上面多有磚雕的吉祥圖案，如加官進爵、福祿壽等等。而官衙、宮觀的影壁則多建在子午中軸線上的大門之外，是建築群的起點。這種影壁多裝飾有龍、鶴等圖案和文字，如北京白雲觀牌樓前的影壁書有元代書畫家趙孟頫（1254－1322）的“萬古長春”四字。除了“一”字形的影壁外，還有一種呈“八”字形的影壁，由三塊相連或兩塊分開設置的牆壁組成。

牌樓或稱牌坊、烏頭門、欞星門，是一種標誌性和紀念性的建築。牌樓有著悠久的歷史，在結構上它的前身是稱爲“衡門”的建築，最初只是在門的兩邊各立一根木柱，再在兩柱的頂端置一根橫木，《詩 · 陳風 · 衡門》便有句：“衡門之下，可以棲遲。”牌樓在唐代稱作烏頭門，到了宋代又有了欞星門的稱呼。南宋《營造法式》記載欞星門源於烏頭門，“烏頭門其名有三，一曰烏頭大門，二曰表楬，三曰欞星門。”欞星也就是天田星、靈星，漢高祖（前202－前

195在位）時爲求豐年開始祭祀靈星，後來在祭天前都必先祭靈星，而祭祀靈星之處便稱作欞星門。牌樓用作裝飾或標誌，常被建在大型建築群的前面或引道中，例如宮殿、衙署、寺觀、陵墓、街市等。與一般的牌樓不同，道教宮觀前的牌樓保留道教自身的宗教意義。道教宮觀前的欞星門或應該和古代的“闕”相關。“闕”即“缺”，也是門的意思。從周代至漢代時“闕”不僅是門，兩邊闕上還有供觀察用的樓閣，這在考古發現的陶製冥器中可以佐證。今天在河南登封還可以看到東漢時的“太室闕”、“少室闕”和“啓母闕”，雕造得十分精美。周代時尹喜請老子講授《道德經》的樓觀應該就是這種建築。

河南中嶽廟太室闕

東漢安帝元初五年（118）建造，原本是太室祠前的神道闕，太室闕與少室闕、啟母闕並稱為“中嶽漢三闕”。闕身為方石砌成，上部為石雕四阿頂，闕身四面雕刻人物、車騎、建築及龍虎等畫像五十餘幅。

太室闕頂部

太室闕側面

江蘇蘇州玄妙觀牌坊

牌樓是由基礎、立柱、額枋、檐頂、牌匾等部分組成，最初時有檐頂的爲牌樓，無檐頂的爲牌坊，後來有時也將“牌樓”稱之謂“牌坊”的。牌樓也是有等級差別的，最高等級的牌樓可用廡殿屋頂，頂上覆蓋琉璃瓦，檐下裝斗栱。牌樓的立柱和開間也有相關規定，明清兩代時只有皇家陵寢、皇家敕建的廟宇才可用六柱五間十一樓牌樓，一般大臣只能用四柱三間七樓的牌樓，而一般的小廟是不可以建牌樓的。牌樓有木結構的，也有石質的和磚結構的，北京白雲觀的牌樓是木結構的；陝西佳縣白雲觀的牌樓有木結構的，也有石雕的；湖北武當山的牌樓是石雕的；北京東嶽廟的牌樓則是琉璃磚瓦的。

北京白雲觀牌樓

山東泰安岱廟石牌樓

河南登封中嶽廟牌樓

北京東嶽廟琉璃牌樓

陝西三原城隍廟牌樓

陝西佳縣白雲山牌樓

山西解州關帝廟牌樓

北京白雲觀山門前的石獅與華表

帝王敕封的大宮觀山門前建有一對華表。華表的前身是上古時代的“謗木”，相傳最初是堯帝和舜帝爲納諫而設置的，命人在路口或道旁豎立木柱，讓老百姓把治理國家的意見寫在柱上。《營造法式》引崔豹《古今注》說：“程雅問曰：‘堯設誹謗之木何也？’答曰：‘今之華表以橫木交柱頭，狀如華，形似桔槔，大路交衢悉施焉，或謂之表木，以表王者納諫。’”也有人認爲，華表有類似日晷用來觀測日影長度以定時刻的功能。後來華表失去原來的功能，轉而發展成爲宮殿、廟宇、城垣等的裝飾或標誌，多數爲雕刻有精美花紋的巨大石柱，而一般小廟是不能建華表作裝飾的。在帝王宮殿，陵寢前的華表柱上雕有祥雲和龍的圖案，而道教宮觀前的華表則多爲八角形柱體，浮雕多爲祥雲或八卦圖案。北京白雲觀山門前的一對華表原爲清代圓明園遺物，約在民國初年移至白雲觀。

山西解州關帝廟石獅

山西芮城城隍廟石獅

山西芮城永樂宮石獅

多數宮觀山門前還有一對石獅子作爲裝飾。獅子爲百獸之王，放在門前是用以顯示主人的尊貴與威嚴，而廟宇前的石獅又別具意義。門東邊是雄獅，右蹄下踏著一個繡球，俗稱“獅子滾繡球”，象徵混元一體和無上的神權；門西邊的是雌獅，左蹄下踏一隻可愛的小獅，俗稱“太獅少獅”，象徵道門昌盛。獅子並不是中國本土的生物，它的形象是東漢時隨佛教從中亞傳進來的，故石獅在造型上帶有更多中國文化對吉祥靈獸的想像。

牌樓之後便是宮觀的大門，由於早期廟宇多建於山林之間，因此道教宮觀的大門稱爲“山門”，山門是廟宇的正門。後來廟宇建於市井塵世之中，仍稱爲山門。山門一般爲三個門洞，中間的高大，兩邊的相對矮小，這種建築既符合對稱穩重的原則，又喻示“三界”解脫（三界即無極界、太極界、現世界；又有稱無色界、色界、欲界）。這樣的設計象徵出家人進了山門，跳出三界，才稱得上是眞正的出家人，故山門也稱爲“三門”。也有的宮觀在山門兩側供奉青龍、白虎等護法神。

山門後第一進殿宇是靈官殿，殿內中央供奉護法神王靈官，兩旁

四川成都青羊宫山門

山西解州關帝廟山門

山西稷山稷王廟山門

山西晉城玉皇廟山門

湖北武當山紫霄宮山門

有趙公明、馬勝、岳飛、溫瓊等護法四大元帥等。有些較小的宮觀沒有獨立的靈官殿，將靈官殿置於山門的樓閣上。第二進殿宇是正殿，一般供奉該宮觀所屬宗派的祖師或是道教尊神，如三清天尊、玉皇上帝等。正殿也是該宮觀道衆進行宗教活動、做早晚功課的地方。正殿往後便是各個供奉三清天尊、四御上帝、玉皇上帝、三官大帝的殿堂，多數道觀在最後一進院落有後罩樓，其有聚氣、藏風和起風水中靠山之作用。大的宮觀在西側或後側還建有花園，以表示道教與自然的和諧與親近，反映道法自然、與自然爲一的思想。

綜上所述，雖然各地宮觀的建築結構和風格因時代、用材、地域的不同而有所區別，但其建築思想和規制基本上是一致的。惟從清末起經過近百年的戰亂和自然損壞，加上受到現代城市發展影響，現存多數古代宮觀建築的規制已不再完整和嚴格。北京白雲觀是目前保存最好、基本遵循傳統規制的典型例子。而清皇朝被推翻後禮制也隨之瓦解，道教建築更多是根據宮觀本身的財政能力來建造，加上現代建築風格的影響，其格局與古代宮觀建築有不少的差別。

第二章

道教宮觀建築的歷史沿革及現存實例

兩晉南北朝到隋唐五代時期的道教建築

①抬樑式：即柱子不直接承托檁條，而是由柱子承托樑，再由樑或樑上的短柱承托檁條。這種結構多見於北方的民居建築和南北方的宮式建築，也是中國古代木構架結構的主流。

②穿斗式：即柱子直接承托檁條，柱子與柱子之間由木枋子相連接，用以加強柱子的穩定性。枋子不承重，所以和樑完全不同，稱為“穿”。這種結構多見於南方民居建築。

③叉手：支撐最高層脊檁的斜向木構件，而支撐脊檁以下各檁的木構件則稱為托腳。明清期間其功能多被瓜柱取代。

④鋪作：宋代時對建築中每朵斗栱的稱呼，如“柱頭鋪作”，即柱頭上的斗栱；“補間鋪作”即補間的斗栱等。據《營造法式》說：“出一跳謂之四鋪作”，“出五跳謂之八鋪作”等，就是自櫨斗（最原始形態的斗栱或稱坐斗）算起，每加一層構件，算是一鋪作，而櫨斗、耍頭、襯枋都要算一鋪作。

道教在魏晉南北朝時期變爲以神仙信仰爲核心的宗教，這時期的道教建築在功能上發生了根本的變化，新出現的“館”、“觀”僅作爲道教徒共同禮拜、修煉和起居的場所而不再有治民的功能。隋唐時代道教得到帝王的尊崇而發展鼎盛，加上在木結構建築技術和藝術發展成熟的背景下，各地道教建築的營造愈來愈大，又由於老子被尊號爲“玄元皇帝”，這時候道教建築規格得到提升並有了“宮”的名稱。

魏晉南北朝時代

魏晉南北朝時期是一個戰亂連年、朝代更迭頻繁時代，當時全國人口銳減，土地荒蕪，王粲（177－217）《七哀詩》所描述“出門無所見，白骨蔽平原”的悲慘景象正是這時代的寫照。由於社會經濟發展遲緩，這時期建築發展缺乏創造和革新的動力。除了鄴城（今河北臨漳、磁縣交界）、洛陽和建康（今江蘇南京）外，很少有大規模的城市和宮室建造工程。不過，建築技術在兩漢時期的基礎上仍有進一步發展，例如“抬樑式[①]”和“穿斗式[②]”樑架結構已經相當成熟，當中以“叉手[③]”承托脊檁相當普遍；斗栱的功能得到進一步發揮，已經用兩跳的華栱承托出檐，斗栱柱頭鋪作[④]多爲“一斗三升”，而補間鋪作則出現“人”字形栱等。相對於宮室建築，宗教建築隨著佛教的傳入和傳播大爲興盛，特別是佛塔和石窟建築形式的出現和流行。魏晉南北朝是道教傳播、變革與發展的重要時

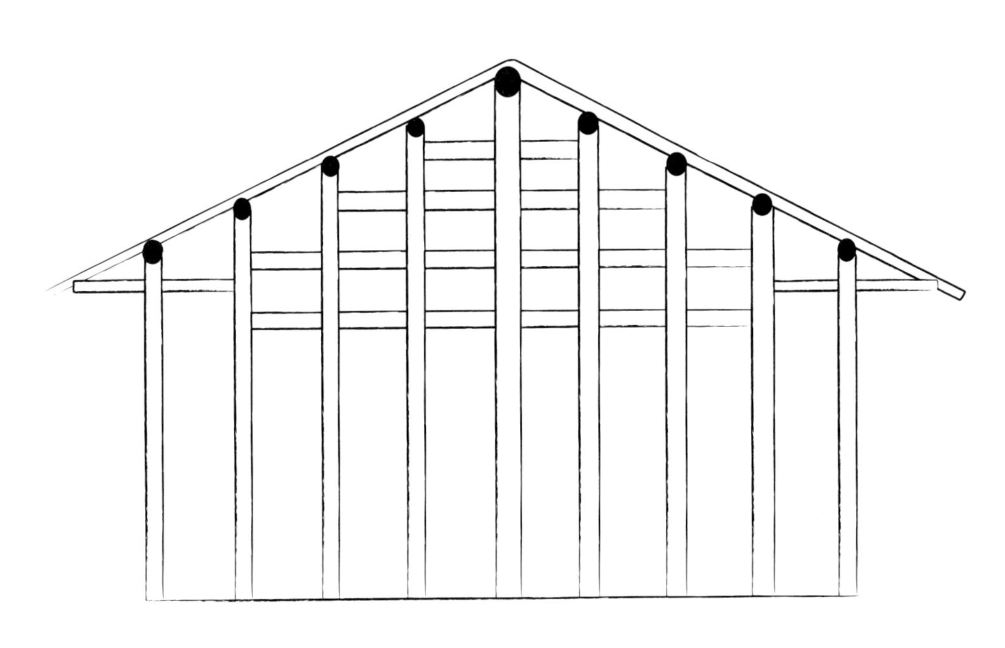

穿斗式屋架

姚伯多造皇老君文像碑
北魏太和二十年（496）
現藏耀縣藥王山博物館

1913年於耀縣漆水河出土，是現存最早關於道教內容的造像碑。從現存南北朝時期的造像碑數目可推算當時道觀應該為數不少。

期，在這背景下新興的道教建築也是方興未艾。

這時期道教信仰理論的確立與成熟，對道教建築的功用和規則有巨大的影響。東晉葛洪（284－363）充實和發展了神仙學說和修仙理論；北朝寇謙之（365－448）革除了舊天師道原有的租稅錢米制度，重新訂立了戒律和科儀；南朝陸修靜（406－477）搜集和整理三洞經典，並大大完善了

北周史君墓石椁

2003年於西安未央區井上村東出土，據石椁上的題刻墓主是北周涼州的一名商隊領導和宗教首領。這個石椁為一面闊五間、進深三間的歇山頂殿宇，建築構件細致，或多或少反映了當時的建築風格。

齋醮科儀；陶弘景（456－536）在其著作《眞誥》和《眞靈位業圖》建立了比較有系統的神仙體系，明確了神仙的地位和排序。這些改革把早期道教旨在實現政治和社會理想的願望，改變爲以追求個人修行、得道成仙爲最高目標，並成爲一個從統治階層到百姓都信奉的宗教。這個信仰中心思想的轉變，成爲道教發展史上一個鮮明的里程碑。

在天師的"治"、"靖"以後，南北朝時期出現了大批稱爲"館"和"觀"的場所，例如永明五年（487）陸修靜在廬山興建的簡寂館、天監十三年（514）梁武帝（502－549在位）爲陶弘景在茅山興建的朱陽館、建德三年（574）北周武帝（560－578在位）下令建立的通道觀，以及終南山的樓觀等等。"館"和"觀"的出現不僅僅是名稱的改變，它們已不再存在早期"治"管理"道民"的行政功能，而是演變爲道教徒共同供奉神仙、修煉和起居的建築。

由於年代久遠，魏晉南北朝的道教建築已經不復存在，但據後來《洞玄靈寶三洞奉道科戒營始》卷一《置觀品》記載，當時的道觀以供奉太上老君的天尊殿爲中心，並設有天尊講經堂、說法院、經樓、鐘閣、師房、玄壇、齋堂、齋廚、寫經坊、校經堂、演經堂、受道院、精思院等建築，可見當時道觀建築的規模和佈局已經比較完善。而由於"玄學"的盛行推動了園林建造的發展，觀內亦已經有"藥圃果園，名木奇草，清池芳花"等園林建設。

隋唐時代

隋唐時代是中國歷史上最輝煌的時期之一，也是中國傳統建築發展成熟的時期。這一時期的建築在繼承兩漢以來成就的基礎上，吸收融匯了許多周邊少數民族文化，形成了一個具有中華民族特色的完整建築藝術體系，在材料、技術和藝術方面都達到了一個前所未有的巓峰時期。

隋代的統一結束了中國四百多年南北分裂的局面，在開國皇帝隋文帝（581－604在位）的悉心治理下，飽受戰亂摧殘的社會、經濟和文化等得以迅速復原和發展。雖然隋代國祚不足四十年，但爲推動全國經濟的發展在短時間內卻完成了大興城、東都洛陽、大運河等多項大型工程。宇文愷[⑤]（555－612）規劃設計的新都大興城[⑥]平面佈局整齊劃一，全城由宮城、皇城和里坊組成，其中縱橫交錯的道路把全城住宅區分爲上百個里坊，設東、西市等商業區，堪稱古代都城設計的典範，對後世都城建築規劃產生了重大影響。分階段開鑿的大運河打通了一條連接大興、東都洛陽、江南和北方的水道，自此成爲日後五、六百年間中國南北政治、經濟和文化交流的紐帶。除了大型工程以外，由李春[⑦]修建的河北趙州安濟橋

⑤ 宇文愷：鮮卑人，隋代任將作大匠，出身著名武將世家。他醉心於建築，為此傾注畢生精力，主持規劃興建了大興、洛陽兩城，開鑿了廣通渠，修建了大興宮、紫微宮、仁壽宮等宮殿。他熟悉木構建築的建造工藝，也是最早使用模型和比例嚴謹的圖紙推敲建築設計的人。

⑥ 大興城：隋代首都，唐時改為長安城，遺址位於陝西西安市。

⑦ 李春：隋朝工匠，開皇、大業年間（581－618）建造了著名的趙州橋（又稱安濟橋）。唐玄宗朝中書令張嘉貞（665－729）在《石橋銘序》中云："趙郡洨河（今河北趙縣洨河）石橋，隋匠李春之跡也，製造奇特。"

河北趙州橋

趙州橋位於河北趙縣洨河上。建於隋代大業年間（605－618），由著名匠師李春設計和建造，是當今世界上現存最早、保存最完善的古代敞肩石拱橋，現為全國重點文物保護單位。趙州橋説明在木結構的建築主流中，古人同樣掌握石構建築技術。

隋代陶屋

這件陶屋對隋代建築的細部表現得較全面，如正脊鴟尾、垂脊尾端獸面瓦、七鋪作偷心造斗栱、八角形檐柱、直欞窗、柱中段的束蓮裝飾、覆蓮式柱礎、柱根的地栿等等。這些都準確地反映出當時建築物的外觀形象和構造特點，表現了隋代建築的大概情況。

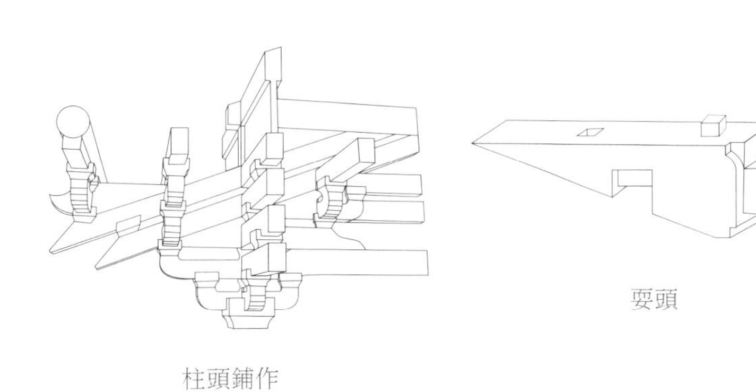

柱頭鋪作

耍頭

耍頭：在斗栱的前後中線的翹或昂上，有兩層與翹或昂平行的構件，其中下邊的那根叫耍頭。其大小與翹或昂相同。

昂：最初的"昂"尾部斜上壓於樑或檁下，利用槓桿原理以挑起檐部。相對於後來把華栱外端斫作成昂嘴形狀作裝飾的"假昂"，這種具實際作用的"昂"稱作"真昂"。

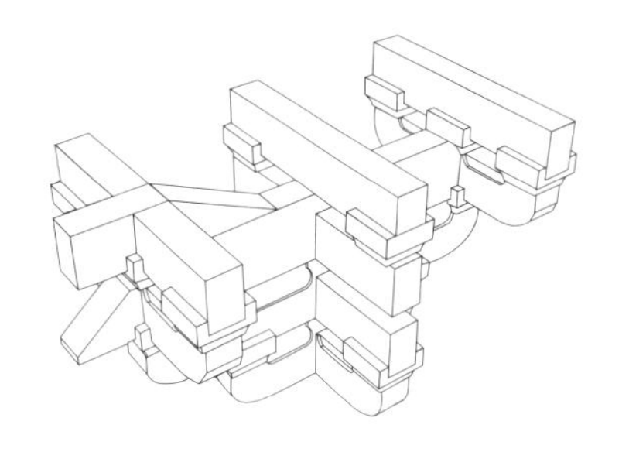

補間鋪作

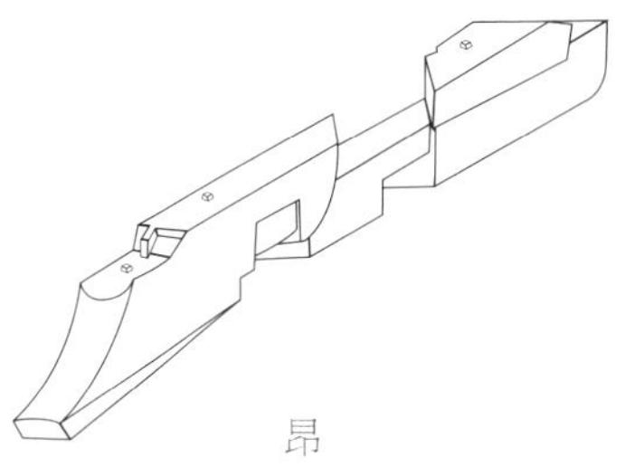

昂

（俗稱趙州橋）造型美觀，技術精巧，是世界上最早的敞肩卷拱大石橋，至今被公認爲建橋史上的奇跡。隋代也是最早使用模型和比例嚴謹的圖紙來進行建築設計施工的朝代。大量的建築實踐活動，推動了建築技術和藝術的不斷發展，在完善木構件的標準化方面，成就尤其突出。

隋文帝既信奉佛教也崇尚道教，他的年號“開皇”便取自道經，故在位期間扶持道教發展，例如在大興修建玄都觀和徵召道士談玄論道。隋煬帝（604－618在位）好尚神仙，曾下令在大興和洛陽興建數十所道觀，並在洛陽西苑挖池造山，以仿海上蓬萊、方丈、瀛洲三神山建造園林。他又爲嵩山道士潘誕（7世紀）作嵩陽觀華屋數百間，在揚州建玉清壇欲招茅山道士王遠知（528－635）等。隋代道教建築的繁華可說是唐代宮觀興盛的先聲。

唐代繼隋代之後，經歷唐初貞觀之治而成爲當時世界上最富強的國家。盛唐時期疆域遼闊，經濟繁榮，豐厚的物質基礎和包容並蓄的文化思想，在文化藝術上造就了雄宏大氣的氣象，在文學、繪畫、音樂上的成就都蔚爲大觀。在建築方面，唐初汲取隋代大興土木工程以致勞民傷財的歷史教訓，奉行與民休息的政策，少有大型工程，直到盛唐時期社會經濟繁榮，皇室和貴族開始不斷修建宮殿、寺觀和官邸園林，其中包括長安東北的大明宮、洛陽的上陽宮等。經濟的繁榮也促進了商業城市的興起，揚州、杭州、汴州（今河南開封）等商業城市的蓬勃發展，也進一步刺激了建築的發展。

至今尙存的唐代建築以佛寺道觀和佛塔爲主，其中包括僅存的山西芮城廣仁王廟正殿、平順天臺庵正殿、五臺山佛光寺正殿、南禪寺正殿數個實例，連同當時的文人畫和敦煌壁畫的描寫，再加上近現代衆多考古發現，是今天我們考察唐代建築的重要途徑。

唐代宮殿建築在平面組合上，一般沿著縱軸線採用對稱式庭院佈局，多個庭院向進深方向重疊排列，再在其左右建造若干次要庭院。每個庭院四周圍牆，或作迴廊，每面正中或適當位置開門，四角建角樓，院中有一個至數個殿堂，其中以中央主要庭院面積最大，正殿多位於這個庭院的後側，以此組成了重重疊疊、雄偉壯觀的建築群。在建築風格上，唐代建築氣度宏偉，瀟灑飄逸，又不失穩重大氣，充分體現了唐人豪邁的氣勢和超凡的藝術才華，構成中國建築史上獨有的唐風。

⑧ 抱廈：為了突出建築物的入口和豐富建築立面構圖的層次，在主要建築的明間向前加出一間構架，使房屋平面呈凸字形，增出的部分稱為抱廈。在宮觀寺廟中，抱廈一般用作獻殿。

⑨ 望柱：欄板與欄板之間的短柱子叫望柱。欄杆上用望柱，約始於漢代。唐至遼，大多數僅在轉角處用望欄，石欄杆每面立若干望柱；宋以後木欄杆望柱的使用增多。望柱由柱身和柱頭組成。柱身形式較簡單；柱頭形式種類則很多，隋代至元代多用獅子、明珠、蓮花等，明清官式作法多用蓮瓣頭、雲龍頭、雲風頭、石榴頭、獅子頭、火焰頭、覆蓮頭、素方頭等。而民間的造法則較自由。

⑩ 螭首：螭為一種傳說中的動物，外形似龍而無角。古代建築中的碑額、殿柱、殿階上會以螭首裝飾，而臺基欄杆外也多用螭首作排水口。

這時期木建築技術最大的成就是木構架體系的成熟和斗栱設計的完善。由於唐代及以前的人習慣席地跪坐，所以房屋室內高度和傢俱都比較低矮。當時木架構的柱子粗壯，柱高約等於明間面闊，比例顯得比較粗矮。柱礎形制無論是覆盆或雕有蓮瓣，整個形體都較矮、較平。柱頭上的鋪作雄大，一般爲柱高的三分之一至二分之一。在屋頂形式方面，重要建築物多用廡殿頂，其次是歇山頂與攢尖頂，極爲重要的建築則用重檐。屋頂坡度平緩，出檐深遠，檐口的標高自明間向兩邊梢間逐漸抬升，形成了一條柔和而平緩向兩邊升起的檐口曲線，使屋頂看起來似飛非飛。主要建築的左右兩側出現了挾屋，而前部或後部中央已有抱廈[8]。

在裝飾方面，重要建築屋頂正脊兩端常見鴟吻，並多覆以黑瓦及少數綠琉璃瓦剪邊，瓦當則多用蓮瓣圖案，用花磚鋪地。至於牆身，南北朝至唐代時建築的牆體多用白色，柱子多用紅色，或柱枋、斗栱施以彩繪。另外，從大明宮遺址發現唐代宮殿建築的臺基多用石雕的望柱[9]和螭首[10]。

道教在唐代近三百多年統治的期間因皇室的信奉而得到前所未有的尊崇，除了在武則天（690－705在位）當政時期，一直位居三教之首。建築

明代北京紫禁城的螭首及望柱實例

北京都城隍廟寢殿抱廈實例

在主體建築立面外接建的小房子稱作龜頭屋或抱廈，有認為最早出現於唐代，又有認為不可能早於宋代。在寺觀中抱廈一般用作獻殿。位於北京西城區北京都城隍廟寢殿是抱廈的典型實例，單檐歇山主殿五間前出歇山抱廈三間，形成平面呈「凸」字的結構。

敦煌壁畫五臺山圖（局部）

圖中呈現了唐代建築平面結構的特點。

江帆樓閣圖（局部）　李思訓　唐代
絹本設色　臺北故宮博物院藏

畫中院落依山勢而造，為適應地區環境將院門開在東側，南北接廊，院內堂室呈南北向，不是傳統中軸對稱型佈局。正殿重檐歇山頂，灰瓦覆蓋，檐下均有斗栱。在兩柱頭之間的欄額上有補間鋪作，施「一斗三升」。房舍建於臺階之上，牆上安直欞窗、格子門。雖然考證認為是北宋晚期摹本，但仍大致反映了唐代晚期建築面貌。

技術和藝術的發達，亦爲道教建築藝術的發展帶來了機遇。李唐皇室崇道是以老子爲中心，他們以老子姓李而自稱爲老子後裔。唐高祖（618－626在位）曾建龍角山老子廟、拜謁樓觀老子祠，他和繼任的唐太宗（626－649在位）都曾下令把道教排列在佛教之前。至乾封元年（666），唐高宗（649－683在位）親至老子故里亳州拜謁老子祠，並尊號老子爲“太上玄元皇帝”。及至唐玄宗（712－756在位）時期更加崇尚道教，他先後把老子尊號爲“大聖祖玄元皇帝”、“聖道大道玄元皇帝”，把《老子》一書尊爲《道德眞經》並親作解釋。在初唐到盛唐百多年間帝王崇道政策的推動下，道教在各個方面都得到較大的發展，其中道觀的數目前所未有的大大增多，據開元二十六年（738）成書的《唐六典》記載，當時“凡天下觀總一千六百八十七所”。

道教建築統稱爲“宮觀”也與唐道崇道政策有關。開元二十九年（741），唐玄宗下令在東、西兩京和各州置玄元皇帝廟；天寶二年（743），將兩京及各州玄元廟分別改爲太清宮、太微宮和紫微宮，後來更以高祖、太宗、高宗、中宗、睿宗五帝陪祀老子。這些稱作“宮”的老子祠廟也可說是李唐皇室的家廟，故此規模宏大，在建築技術、規制、形式上採用唐代宮殿建築的標準，但在裝飾上加入了道教信仰的內容，例如在

河南鹿邑太清宮太極殿實例

位於鹿邑城以東，始建於東漢桓帝延熹八年（165），初名老子廟。唐高宗以老子廟為太廟，大興土木。乾封元年（666），唐高宗加封老子為“太上玄元皇帝”，詔建紫極宮。天寶二年（743），唐玄宗改紫極宮為太清宮，以後歷代屢加修葺。現存為當代建築。

殿內畫上壁畫等。

在崇道氛圍的感染下唐代皇室大量女性成員入道，也促進了道教建築發展。有唐一代后妃、公主入道者接近四十人，其中武則天女太平公主；睿宗（684－690及710－712在位）女金仙公主、玉眞公主；玄宗女壽安公主；代宗（762－779在位）女華陽公主；憲宗（805－820在位）女永嘉公主、永樂公主；穆宗（820－824在位）女義昌公主、安康公主等都曾爲女冠，又隨同入道的宮女不知凡幾。由於諸公主有了女冠的身份，所以皇室便需要在宮室以外另建道觀以供她們居住，而這些道觀的規模並不下於宮殿。例如睿宗不顧大臣們的諫言，花費鉅資，爲金仙、玉眞二公主在京城建道觀，據《舊唐書》記載當時"爲造兩觀，燒瓦運木，載土塡坑，道路流言，皆云計用錢百餘萬貫。"爲方便她們雲遊還在青城山修築儲福觀，改建金華觀。據清代徐松《唐兩京城坊考》記載，兩京內爲公主女冠而設的道觀就有太平觀、咸宜觀、太眞觀、新昌觀、開元觀、金仙觀、玉眞觀、三洞觀、萬安觀、宗道觀、昭成觀等，這些數量驚人的"女冠觀"亦帶動了道教建築發展。

現存唐代道教建築僅有山西芮城廣仁王廟一處。廣仁王廟位於芮城以北四公里的龍泉村北側土崗上，毗鄰古魏城遺址和永樂宮。廣仁王廟前原本有稱爲五龍泉的五眼泉水，水質甘冽，積水成潭，該廟是唐人爲了答謝五龍泉龍神興雲降雨而興建，故又稱五龍廟，而廣仁王是後來北宋給予龍神的尊號。現存廣仁王廟坐北朝南，有一個由戲臺、廂房和正殿組成的院落，四周有圍牆，廟門開在院落的東南角上。其中正殿爲唐太和五年（831）遺構，是一座單檐歇山殿宇，面寬五間，進深四椽。殿內無柱，殿周十六根檐柱全部砌入牆內。柱上僅施欄額，無普拍枋，轉角處欄額不出頭。檐下僅施柱頭鋪作而無補間鋪作。樑架爲徹上露明造，四椽栿通達前後檐外，伸出部分製成二跳華栱。殿前兩邊窗戶爲直欞窗。整座建築結構簡練，屋頂坡面舉折平緩，是典型的唐代建築。惟廟宇正門一般位於中軸線上，但不知何故這廟的廟門獨獨開在東南角上。廣仁王廟雖然已經十分破舊，但至今屹立獨存，是現存少數幾座唐代木建築之一，而正殿牆壁上的兩通唐碑更清楚記錄了其歷史，尤爲難得。2001年被列爲第五批全國重點文物保護單位。

山西芮城廣仁王廟正殿

山西芮城廣仁王廟遠景

山西芮城廣仁王廟大殿內部樑架結構

五社人董修廣仁王廟吉祥如意

山西芮城廣仁王廟大門

山西芮城廣仁王廟古戲臺

山西芮城廣仁王廟正殿內牆柱

五代十國

歷史上五代十國是從唐代到宋代之間的過渡時期，而在建築發展方面亦有同樣特點。它的建築延續了晚唐的建築風格，不再有盛唐時的雄渾大氣，反而多了些日後宋代的柔美精巧，並展示出規範化建築的雛形。與此同時，因從晚唐以後高足傢俱的日漸普及，室內空間隨之升高，使單體建築的造型比例發生了變化。不過，由於這時期政權短促，加上地方割據阻礙了社會、經濟和文化的交流，全國各地均缺乏大型的城市和宮室建設，整體上建築技術並沒有明顯進步。受到時局影響，道教發展同樣受阻，如同北宋《三洞修道儀》所說“五季之衰，道教微弱，星弁霓襟，逃難解散，經籍亡逸，宮宇摧頽。”有關道教宮觀建築既缺少實物遺存，也少見記載，現存五代道教建築僅有山西長子玉皇廟前殿一例。

玉皇廟位於長子東南慈林鎮布村，坐北朝南依臺地而建，現時中軸線上依次有門樓、前殿遺址、獻殿、中殿、後殿，形成前後兩進院落。兩個院落東西兩側都有廂房，後殿東側爲朵殿，西側爲跨院。由於前殿僅存遺址，所以一般又把中殿稱作前殿，賀大龍在《長治五代建築新考》中根據

山西長子玉皇廟正殿背面（正面壞損嚴重）　轉引自賀大龍《長治五代建築新考》

高士圖（局部）　衛賢
五代　絹本設色
北京故宮博物院藏

圖中所繪為山谷中的瓦舍，疏籬欄杆圍其外，幽雅閒逸，正是隱者向往之桃源。房屋部分展示了五代時期的建築特點，諸如歇山頂、壘瓦築脊、版引檐、立頰、懸魚、曲脊、散水以及竹籬造法。房屋雖小，等級也不算高，卻如實刻畫出了五代時期屋舍的建築特點。

建築形式判斷認爲它是五代建築。中殿是單檐歇山頂建築，面闊三間，進深四椽。屋面覆蓋筒瓦，但連同黃綠琉璃正脊、鴟吻、脊獸、剪邊均已殘缺不全。前檐有四根正八角形石柱，內柱兩根設於後槽，與檐柱等高，後檐和兩山柱皆包入牆內。柱頭鋪作第一跳偷心造，前檐第二跳華栱由三椽栿延伸至檐外造成，形制甚古。柱頭僅施欄額至轉角處，而欄額不出頭，無普拍枋。臺基低矮並沒有雕飾。整個殿宇無論是結構形制還是工藝造法都表現出唐、五代時期的建築特徵，具有重要歷史和藝術價值。

宋遼金元時期的道教建築

道教在宋遼金元四百餘年間進入了一個發展和變革的新階段。北宋道教基本上沿襲隋唐以來的舊傳統，但其後在南北分裂局面中湧現了神霄派、清微派、太一道、眞大道、全眞派等新道派，直到元代統一，它們又逐漸融合成天師道和全眞道兩大主流，延續至今。道教發展興盛，使全國各地興建了大量道教建築，這段期間又正值傳統木建築發展成熟時期，結果在佈局、形制、工藝等方面都爲後世宮觀建築定下了基本格局。

宋代

宋太祖趙匡胤（960－972在位）汲取唐末五代十國時期武人割據的教訓，在開國後以"杯酒釋兵權"的手段收回了功臣將領的兵權，並推行一系列中央集權和"崇文抑武"的政策，以求國家和平發展。這些措施令社會經濟得以迅速恢復，而城市商業經濟的空前繁榮更造就了工商階層的出現。崇尙文教的文化環境則使宋人在文學藝術、哲學思想、科學技術上取得重大的成就。然而，北宋軍事力量未如漢、唐強盛，長期以來與北方的遼國、金國和西方的西夏軍事對峙，南渡以後則疲於對抗蒙古入侵。這種"文強武弱"的國情影響到社會文化的審美取向，審美標準由魏晉時代的超脫、隋唐時代的豪放轉而收斂，變得傾向內省、陰柔、精細。唐代的雄大渾厚之風不再，取而代之的是趨向安逸舒適、追求情趣、注重細膩裝飾的陰柔審美之風。

無論是單體還是群體建築，宋代建築的規模都比唐代的要小。雖然它沒有唐代那種宏偉剛健的風格，但卻比唐代顯得秀麗絢爛和富於變化，出現了各種複雜形式的殿閣樓臺及仿木構磚石建築形式。建築的造型比例也發生了明顯變化。從五代十國到宋代，人的起居習慣由席地跪坐完全改變爲垂足而座，這使傢俱由矮形向高形發展，而房屋建築也變高了。屋頂的坡面由平緩變爲聳立，柱身比例增高。單體建築開間的面闊一般由中央間向左右兩側逐漸縮小，形成主次分明的外觀。

宋代建築結構在前代的基礎上已經開始趨向簡化。其中最重要的一個特點就是斗栱作用的減弱，原來在結構上起重要作用的下昂有些已被斜栿所代替，而且斗栱比例變小，額枋上的補間鋪作的朵數增多，使建築整體結構發生許多變化。一些樓閣建築已經放棄了在腰檐和平坐內做成暗層的作法，而是改爲採用上下直接相通的作法，這種方法成爲日後樓閣建築的主要結構方式。

此時期建築構件逐漸標準化，各種工藝的操作方法和用工、用料都有了嚴格的估算和規定，建築工具也較以前更加豐富，並且出現了總結這些經驗的書籍《木經》和《營造法式》。其中元符年間（1098－1100）建築師李誡編著的《營造法式》是中國第一本詳細論述建築工程造法的官方著作，詳細規定了各種建築施工設計、用料、結構、比例等方面的要求，成爲後世中國建築行業參照的重要依據，直至今日它仍有著重要的參考價值。

宋代建築的裝飾技術和工藝更是絢麗多彩，甚至可認爲是偏於細致、工整和繁縟。這時期門窗欞格花紋組合比前代豐富，窗戶大多能夠開啓，大爲改善了室內的通風和採光。房屋下部臺基多用雕刻精美的須彌座。柱子和柱礎形狀樣式多變，柱子除圓形、方形、八角形外，出現了瓜楞柱、蟠龍柱，石柱數量大量增加。琉璃瓦的使用較唐代普遍，屋面或全部覆以琉璃瓦或用琉璃瓦剪邊[1]。室內的徹上露明造或平闇[2]，逐漸被形式多樣的平棊[3]或華麗的藻井[4]所代替。宮殿逐漸出現了紅牆黃瓦的形式。建築的彩畫[5]

① 剪邊：指於檐脊和屋頂坡面四邊鋪上琉璃瓦，以突出屋面的邊沿，稱為剪邊。

② 平闇：天花板的一種，用小而密的方格或斜方格組成，約為一欞二空或一欞三空大小。若無平闇即稱為“徹上露明造”。

③ 平棊：天花板的一種，因其用大方格組成，仰看頗似棋盤，故名。

④ 藻井：即一種頂部呈現穹隆狀的天花，天花的每一方格即為一井，飾以花紋、雕刻和彩畫，故名藻井。藻井的作用是突出殿宇向上的空間，並有裝飾的效果。形制上有四方、八角、圓井等，各層之間使用斗栱，雕刻精致，十分美觀，但也有些不用斗栱而以木板層層疊落。藻井一詞始見於漢賦。唐代明確規定，非王公之居，不施重栱藻井。清代藻井頂心

五彩遍裝

最為華麗的上品彩畫，始自唐代，色彩以礦物色的石青、石綠、朱砂為主，輔以胭脂、槐花、靛藍等植物色。

碾玉裝

宋代彩繪匠師所創色調清雅的彩畫，以多層的青綠疊暈，外留白暈，宛如磨光的碧玉，故名。

多為蟠龍，故又稱龍井。永樂宮三清殿的藻井有圓形和八角形兩種。圓形藻井是沿圓形輪廓分佈細斗栱，層層攢聚疊起，形成一個圓形的凸起空間。八角形的藻井是由小斗栱沿八角形佈置，層層疊起而成的空間。

⑤ 彩畫：即以油漆塗刷建築物木構件，主要功能是保護房屋木材免受雨淋日曬，同時也有裝飾作用，早在春秋時期已被應用在建築之中。《營造法式》中記載了彩畫根據建築等級分為六大類，並說明了有關製作方法。

⑥ 青綠疊暈棱間裝：以青綠二色作大木構件邊緣色，身內作青綠素色或僅有簡單圖案。外棱用青疊暈者，身內用綠疊暈，謂之兩暈棱間裝。其外棱緣道用綠疊暈，次以青疊暈，正中間又用綠疊暈者，謂之三暈棱間裝。

⑦ 解綠裝：上部以紅色為主調，材、昂、斗栱通刷土朱色，邊緣用青、綠相間疊暈，如正面青暈則側面綠暈，相鄰構件則青綠暈互換，但柱子仍畫綠暈，僅把柱頭、柱腳畫朱色或五彩錦地。

⑧ 丹粉刷飾：全部以紅色為主調，斗栱樑枋和柱子滿刷土朱，下棱畫白線，構件底面通刷黄丹，然後表面通刷一道桐油。

⑨ 移柱法：根據室內空間移動金柱的位置，金元時多用。

⑩ 減柱法：即在建築平面中減去前金柱或後金柱，以擴大室內使用面積。金元時多用此法，明清後不再採用。

用色有了更嚴格的等級制度，《營造法式》中規定，彩畫須根據建築等級分爲六大類：五彩遍裝、碾玉裝、青綠疊暈棱間裝⑥、解綠裝⑦、丹粉刷飾⑧及雜間裝。據《宋史・輿服志》記載，當時規定“非宮室、寺觀毋得彩繪棟宇及間朱漆樑柱窗牖、雕鏤柱礎”，“凡民庶家，不得施重栱、藻井及五色文彩爲飾”。

在建築佈局上，與唐代一個重要區別是院落沿著軸線一個又一個排列，這種方式加深了建築群的縱深發展，而每一座建築物的位置、大小、高低的相互關係都經過設計，每以四周較低的建築擁簇中心建築，形成高低錯落有序的組合。宋代宮殿建築還出現了一種呈“工”字形殿宇，即主殿在前，寢殿在後，前後兩殿的中間用穿廊連接，構成了“工”字形的平面，而在堂、寢的兩側還建有耳房和偏院。後代建造的北京東嶽廟建築就是這種結構的典型實例。

宋代皇室多崇奉道教，因此道教宮觀的建造也相當蓬勃，道觀規模之大、數量之多非前代可以比擬。在立國之初，宋太祖（960－976在位）、宋太宗（976－997在位）便曾下令興建有建隆觀、上清太平宮、太一宮、洞眞宮等。及後的宋眞宗（997－1022在位）和宋徽宗（1100－1126在位）更是兩位著名的崇道皇帝。眞宗曾稱遇神人預示上天將降受“天書”《大中祥符》三篇，後又仿唐代崇奉老子般把趙氏之祖趙玄朗尊號爲“聖祖上靈高道九天司命保生天尊大帝”。他爲供奉“天書”興建的玉清昭應宮耗資鉅大，工程每日動員工匠三、四萬人，歷時七年才告落成，建築規模高達二千六百一十楹，祥符二年（1009）又曾下令在全國各地興建天慶觀。徽宗更自號爲“道君皇帝”，歷年廣設齋醮，又在政和六年（1116）下令在各地洞天福地修建宮觀、塑造聖像。宋代帝王崇奉道教無疑大力推動了道教宮觀建築的發展。

道教在宋代進入成熟期，隨著神仙體系的不斷豐富、完備和系統化，各地道教宮觀的數目也越來越多。道教宮觀建築在技術和藝術上，和宋代總體建築的特點一致，工藝技術純熟精致，佈局嚴謹，裝飾秀美。殿宇的屋頂兩坡增高，多使用琉璃瓦剪邊，斗栱使用眞昂。爲了加大殿堂空間，應用了移柱法⑨和減柱法⑩兩種技法。裝飾較多且可以開啓的門窗，更顯出殿宇的富麗。宮觀中還出現了供奉三清天尊、玉皇上帝、五嶽大帝、城隍、眞武、趙公明、王靈官、關羽等神明的殿宇。另外，專門用於講經說法和進行齋醮法事的拜殿、收藏經籍的藏經樓，以及道士起居用房等功能建築均已經俱備齊全，可以說後世道教宮觀建築基本上是沿襲了宋代宮觀的格局。

現存宋代道教建築有山西太原晉祠聖母殿、江蘇蘇州玄妙觀三清殿、山西陽泉關帝廟正殿、山西澤州二仙廟二仙殿等等。以前三座建築爲例。

晉祠位於太原西南25公里懸甕山晉水的源頭處，早於1961年被列爲首批全國重點文物保護單位。該祠始建於北魏，最初是紀念周武王次子唐叔虞的祠廟。祠中的聖母殿供奉叔虞生母邑姜，位於晉祠中軸線的最後，現存結構是北宋崇寧元年（1102）重修，殿闊七間，進深六間，屬重檐歇山頂式建築。屋頂由筒板瓦覆蓋，黃綠琉璃瓦剪邊，正脊上有琉璃裝飾。聖母殿殿基依山而建，殿身四周建有圍廊，廊深二間，由於減掉正面的二根檐柱，使前廊淨室顯得特別寬敞。這種殿身的周廊做法，屬於《營造法式》規制的造法，稱之爲“副階周匝[11]”，而聖母殿的副階周匝爲現存最早的孤例。殿的前檐有八根木雕的蟠龍柱，蟠龍鱗爪有力，盤曲自如，工藝十分精巧。蟠龍柱在隋唐時多見於造像碑、神龕的倚柱或石塔門的倚柱。聖母殿的蟠龍柱是中國現存最早的龍柱，也是《營造法式》中“纏龍柱”造法現存最早的實例。殿內採用減柱法，即殿內無柱，樑架露明。斗栱用材粗大，出檐深遠。大殿四周柱子微微向內傾斜形成“側腳[12]”，四根角柱顯著增高造成“生起[13]”，使前檐弧度和屋檐折舉變得較大，增強了大殿建築的穩定和曲線美。殿內有彩塑四十三尊，其中四十一尊爲中國宋代雕塑之精品。殿前的方形池沼和上面的十字形木樑石柱橋樑，即《營造法式》中著名的魚沼飛樑，也是建於宋代，其中樑柱和橋樑交接處至今仍保存有宋代的斗栱。沼中立小八角形石柱三十四根，柱頭用普拍枋[14]相聯，上置斗栱、樑枋承托橋面，四面以橋連接對岸。橋面呈十字形，東西寬廣，南北下斜如翼，橋邊設有勾欄圍護。橋面鋪磚，構造奇巧，爲中國橋樑史上僅有之佳作。

蘇州玄妙觀同樣是全國重點文物保護單位，位於蘇州市中心觀前街，始建於西晉咸寧年間（275－280），初名眞慶道院，唐時改稱開元宮，宋代又改稱天慶觀，元代元貞元年（1295）始稱玄妙觀。三清殿是玄妙觀的

⑪ 副階周匝：在建築主體以外，再加一圈迴廊。這種建築形式最早可能出現於商代，在宋代時稱為“副階周匝”。

⑫ 側腳：即指為了使建築有較好的穩定性，讓建築最外圍一圈柱子都按一定程度向內傾斜。

⑬ 生起：是讓建築外圍的一圈柱子的高度略有差別，從明間逐漸升高，形成中間低、兩端高的檐口曲線，增加建築的視覺美感。

⑭ 普拍枋：檐柱與檐柱間起聯繫的橫木為額枋，而在額枋之上承托斗栱的一層橫木則叫平板枋，宋代時稱為普拍枋。其形狀為扁寬，擱在額枋及柱頭之上，支撐柱頭斗栱，從而加固了柱子與額枋的連接。

山西太原晉祠聖母殿蟠龍柱 ➤

正殿，南宋淳熙六年（1179）時由當時著名畫家趙伯駒之弟趙伯驌重建。大殿平面呈長方形，長約45米多，寬約14米，面闊九間，進深六間。殿柱分佈並無缺減變動，最爲規則。殿爲重檐歇山頂，檐下採用多種複雜的斗栱造法，其中兼具官式和地方形式；殿下有高臺基，殿前有寬闊的月臺，月臺的正面與東西兩側各建有踏垛，月臺周圍和殿南圍有石雕欄杆，欄板和臺基上雕有人物和動物圖案。雖然經過歷代維修，但其樑架和斗栱等仍爲宋代遺物。此外，殿內磚製的須彌座神臺、三清塑像、殿前後雕欄板，以及有紀年的“太上老君像”和“尚書省劄並部符使帖”石碑等，都相傳是宋代遺物。玄妙觀氣勢宏偉，建築古樸，是南方最古老和最大的道教古建築之一。

陽泉關帝廟位於山西陽泉市南的林立村，該廟原爲佛寺，清代改爲關帝廟。始創年代不詳，北宋宣和四年（1122）重建，明清曾有修補，現存正殿仍爲宋代原構。殿面闊、進深均爲三間，平面近於四方形，屋頂爲歇山式。前檐廊深一間，檐柱側角升起顯著。斗栱爲五鋪作雙杪[15]，用材粗大，製作規整。樑架結構嚴謹，舉折平緩，平樑上的瓜柱較細，屋脊的負荷主要由叉手傳遞，頗有唐代風格。殿內脊板、六椽栿[16]、四椽栿下都保留有宋代重修時的題記，可佐證該殿修建年代。

⑮ 雙杪：杪為樹梢之意，雙杪即《營造法式》中所稱的華栱兩出跳。華栱是宋代斗栱中唯一縱向的栱。

⑯ 六椽栿：即長六椽架的樑。如此類推，有長四椽架的樑為四椽栿，長度為三椽架的樑為三椽栿等。

山西太原晉祠聖母殿前的魚沼飛樑

山西太原晋祠聖母殿

蘇州玄妙觀三清殿

蘇州玄妙觀三清殿前的欄板上鐫
刻有宋代石雕圖案

遼金時代

與北宋同時的遼朝位於北方，其建築風格古樸大氣，頗具唐風。其時建築爲了擴大室內的空間，多採用移柱法和減柱法，而且斗栱的使用比以前複雜，例如出現斜向出栱結構方式，而樑架結構也有一定的變化。金朝繼遼、宋而統治北方，建築結構混合了宋、遼的風格。宋代建築柱高加大、斗栱減小、補間鋪作增多、屋頂坡度加大等手法，在金朝建築中也都體現得到。金代宮殿建築大量使用黃琉璃瓦和紅色的宮牆，營造出一種金碧輝煌的藝術效果，這種風格對後代宮殿建築影響深遠。由於遼、金政權短促，又連年戰爭，所以大型建築較少。目前遺存的遼金時期道教宮觀建築集中在中國的山西，主要有定襄關王廟大殿、汾陽太符觀昊天大帝殿、文水則天廟、晉城東嶽廟天齊殿、太原晉祠獻殿，另外平順龍祥觀、陵川顯應王廟、晉城玉皇廟、東嶽廟等都保存有一些金代遺構。以下擇要介紹定襄關王廟、汾陽太符觀和文水則天廟的特色。

定襄關王廟位於定襄縣北關，創始於金泰和八年（1208）。現存正殿關王廟仍爲金代原構，其面寬三間，進深四椽，是歇山頂琉璃脊飾。殿的前檐明間特寬，平柱約與後檐次間中線相對，柱上的欄額肥大，次間欄額伸至明間砍成雀替⑰，猶如門楣形制。殿內設前槽二金柱⑱，樑架爲徹上露明造，三椽栿與前乳栿⑲在金柱上搭交。該殿斗栱的結構形制多達八種，前檐補間三朵，兩山及後檐各設一攢，用材很厚，出跳較遠，爲別處所未見。關羽（162－220）在宋代時始封爲忠惠公和義勇武安王，明清時封其爲“帝”，故元代以前供奉關羽的廟宇只稱爲關王廟。廟內現存金、元、明、清碑刻，詳細記述了關羽封號及廟宇修建過程。該廟於2006年被列爲第六批全國重點文物保護單位。

汾陽太符觀位於山西省汾陽東北上廟村，規模宏敞，佈局疏朗。正殿供奉昊天大帝，面闊三間，單檐歇山頂，用材粗壯，結構樸實，從建築形制和手法可見是金代原構。另東西配殿各五間，爲懸山屋頂，東邊供奉后土聖母，西邊供奉五嶽大帝。其配殿大於正殿的設計實爲罕見。該觀於2001年被列爲第五批全國重點文物保護單位。

則天廟在山西文水縣城北南徐村，始建於唐代，金代重修。該廟規模

⑰ 雀替：在宋《營造法式》中稱綽幕，清代稱為雀替，是用於樑與欄額與柱交接處的木構件，功用是可以增加樑頭的抗剪能力或減少樑枋的跨距。雀替之名可能由替木演變而來。雀替最早見於北魏雲岡石窟，元以前都用於內檐，明以後，特別是清代普遍在外檐闌額下使用雀替，並規定其長度為面闊的四分之一。大雀替是指雀替的一種做法，即左右雀替通長連為一體，柱頂頂在雀替上。

⑱ 金柱：即在檐柱以內的柱子。除了處在建築物縱中線上的柱子，其餘柱子都叫金柱。

⑲ 乳栿：短小的樑。

不大，山門上建有酬神樂樓，正殿爲則天聖母殿，兩廂有東西配殿。現存聖母殿面闊三間，進深六椽，單檐歇山頂，結構規整，手法古老，殿內樑架、斗栱、門、窗及門墩石雕均爲金代原製，大殿的門板上部尚存“金皇統五年”刻字。殿內木製神龕中供奉有帝后女像，名爲水母，但一般認爲即祖籍文水的女皇帝武則天（690－705在位）。該廟於1996年被列爲第四批全國重點文物保護單位。

山西汾陽太符觀大殿

山西萬榮稷王廟正殿

稷王廟位於萬榮南張鄉太趙村，主祀上古時代教人種植的后稷。該廟始建年代不詳，現存屬金、元建築風格。面闊五間，進深六椽。單檐廡殿頂，殿頂筒板瓦覆蓋，脊刹、吻獸完好無損。殿內中柱一列，直通平樑以下，大樑分前後兩段，穿插相構，無通長樑栿，故有人稱作“無樑殿”。殿內後壁上嵌有元代至元（1264－1294）時創修戲臺石碑一通。2001年被列為第五批全國重點文物保護單位。

關王廟位於山西定襄縣北關，始建於金泰和八年（1208），元代至正六年（1346）重修。明清兩代均有修葺。宋時初封關羽為忠惠公，後又封其為昭烈武安王，至明清時方才封為“帝”，故元代以前奉供關羽的廟均稱為關王廟。

關王廟正殿面闊三間，進深四間，歇山頂有琉璃脊飾，為金代原構。殿的前檐明間寬暢，平柱約與後檐的次間中線相對，柱上的欄額肥大，次間欄額伸至明間砍成雀替，似門楣形制。殿內前槽二根金柱，樑架為徹上露明制，三椽栿與前面乳栿交搭在金柱上。殿內斗栱甚為特別，其結構有八種之多，前檐補間有三垛，兩山及後檐各設一攢，用材較厚，出挑也較長，其它處不見。殿內有清代所繪三國故事壁畫。2012年時該廟正由政府撥款修繕。

山西定襄關王廟正殿

山西定襄關王廟正殿

山西定襄關王廟正殿屋檐

山西定襄關王廟正殿內木結構樑架

山西忻州文水則天聖母廟

該廟位於山西文水縣城北五公里南徐村東。始建於唐代，金代重修，該廟聖母殿形制十分古樸，頗有唐遺風。現存聖母殿門板上有“金皇統五年（1145）”刻字尚存。殿宇結構規整，手法古樸，樑架、斗栱以及檐下門窗、門墩石雕均為金代原制。據稱殿內木制神龕上的泥塑飛龍裝飾，也為金代原物。神龕內原供奉有帝后裝女像，“文革”中被毀。因文水為唐則天武後家鄉，故稱龕內女像為則天女皇。也有說龕內神像為水母女神等。現龕內神像為當代所造。

山西文水則天聖母廟

山西文水聖母廟神龕內當代所造的神像

山西文水聖母廟神龕上的泥塑飛龍裝飾

山西文水則天聖母廟正殿屋檐上的鴟吻

山西文水則天聖母廟殿內的木構樑架

山西晋城玉皇廟

元代

元代在中國歷史上是一個短暫的皇朝，但在道教史上卻是主要宗派全眞派發展的關鍵時期。南宋偏安江南造成了政治上的南北分裂，客觀上也造成了道教的南北分裂。在北方先有蕭抱珍（？－1166）創立的太一道和劉德仁（1122－1180）開創的眞大道教的興起，繼而在金大定年間（1161－1189）又有重陽子王嘉（1113－1170）在山東以“三教同源”的主張，開創了全眞教。王嘉七名主要弟子之一的丘處機（1148－1227）在接掌教門後，因親赴大雪山面見元太祖成吉思汗（1206－1227在位）而得到信任，從此使全眞教在蒙元統治下的發展一時無兩，在宮觀建築、造像、壁畫等方面都留下了很多珍貴的文化遺產。

王重陽像

王重陽（1112－1170），名嚞，字知明，號重陽子，金代道士，道教全真派創始人。其祖籍陝西咸陽，金正隆四年（1159）於甘河遇異人，授於修道秘訣，於是棄家外遊，悟道出家。金大定七年（1167）往山東傳道，先後收馬鈺、譚處端、劉處玄、丘處機、王處一、郝大通、孫不二七人為徒。

有別於舊有道教派別，全眞教規定道士必須出家住觀，恪守清規戒律，這樣道教宮觀不僅僅是禮拜神明的殿堂，也要作爲道衆集體生活起居和修眞養性的場所，還要作爲傳授戒律等教團活動舉行之處。元代道教宮觀不僅有奉祀神仙的殿堂，還出現了道士生活用房，如寮房、齋堂、客堂、廚房等，以及附屬的墓地、塔院、園林和農田。元代道教宮觀還有鐘樓、鼓樓和酬神的戲臺、幡杆等。

在單體建築結構上，元代道教宮觀更爲靈活，減柱法、移柱法成爲當時建築的一大特點。樑架構件所用的木材多爲自然圓木，僅稍加修整，形成簡樸大氣的風格。殿堂內的神像基座在宋元以前多爲床形，在宋元以後則多爲須彌座。

元代以前，北方道教宮觀的數量較南方爲少，但隨著全眞派的開創，北方道教宮觀的建造逐漸興旺起來。全眞道的三大祖庭：山西芮城永樂宮、陝西戶縣重陽萬壽宮和北京白雲觀的前身長春觀均爲元代始建，現存較爲完整的只有永樂宮。另外，元代的道教宮觀建築遺存主要集中在山西，目前尙有山西吉縣坤柔聖母廟、洪洞水神廟、蒲縣東嶽廟正殿、臨汾牛王廟戲臺、長治玉皇觀等處。

永樂宮原稱爲大純陽萬壽宮，舊址在純陽子呂洞賓的故里芮城永樂鎮。最初鄉人爲紀念呂洞賓得道升仙，把其故居改爲“呂公祠”，宋金之際擴建爲純陽道觀。由於全眞道奉呂洞賓爲該派五祖之一，故此呂公祠於

⑳ 抹角栿：也就是角梁，在建築正面和側面屋頂斜坡相交處，也就是垂脊處，最下一架斜置的並伸出柱子以外的木梁。

㉑ 爬梁：又稱扒梁，即兩頭放在梁上檁上，而不是放在柱上的梁。

蒙古太宗三年（1231）失火損毀後，得到統治者崇信的全眞教便推動在原址修建宮觀。次年，朝廷即敕令把觀升格爲宮，並派遣河東南北兩路道教提點潘德沖（1190－1256）主持動工興建永樂宮。直到至正十八年（1358），包括三清殿和純陽殿壁畫在內所有工程方才竣工，整個施工期前後長達一百一十多年，幾乎與元朝共始終。永樂宮內主體建築有宮門、龍虎殿、三清殿、純陽殿、重陽殿等五座，從南向北垂直排列在中軸線上，當中除宮門爲清代所建外其餘均爲元代遺構。永樂宮基本反映了元代建築特點，而較特別的是在佈局上把三清殿建在最前面，與一般規制有別。1959年因三門峽水利工程，政府把整個建築連同壁畫原樣遷往縣城東北的龍泉村。1961年被列爲第一批全國重點文物保護單位。

吉縣坤柔聖母廟位於吉縣縣城東北謝悉村土垣上，始建於宋天聖元年（1023），元延祐七年（1320）重修，明代局部重建。現存聖母殿爲元代遺構，面闊、進深各三間，單檐歇山式屋頂。殿內用減柱法，把四根金柱移於次間，柱頭施大雀替，兩層額枋分置上下，形成井字形梁架。下層設抹角栿[20]，上層施欄額和普拍枋，前後檐及兩山由爬梁[21]承托荷載，中心由斗栱挑承著垂蓮柱，造出結構疏朗的藻井，構造奇巧少見。

另外，從宋代開始道教宮觀亦出現了演戲酬神的戲臺，這些戲臺或稱舞樓、舞亭等等。中國的戲劇藝術始於宋代，興盛於元明，相比其他藝術形成得較晚。中國的戲劇是集唱、念、做、打，或者說集歌、舞、念白爲一身的綜合性藝術。從現存道教宮觀的碑石可知，宋代宮觀始建戲臺，例如北宋天禧四年（1020）《河中府萬泉縣新建后土聖母廟記》碑陰鐫刻有“修舞亭都維那頭李廷訓等”；元豐三年（1080）《威勝軍新建蜀蕩寇將□□□□關侯廟記》碑陽記有“舞樓一座”；建中靖國元年（1101）《潞州潞城縣三池東聖母仙鄉之碑》所記有“創起舞樓”之事。金元以後，戲臺在道教宮觀建築中十分普遍。目前，山西、陝西、廣東等地的道教廟宇中多建有戲臺，道教宮觀內現存最早的戲臺建築爲山西臨汾市西北的牛王廟戲臺。

元人繪建章宮圖　佚名　元代　絹本水墨　臺北故宮博物院藏

漢代盛行黃老及神仙方士之說，漢武帝（前141－前87在位）聽信方士之言，相信仙人好樓居，故起建章宮，復築神明臺與井幹樓。其中建章宮建於太初元年（前104年），原在陝西西安漢長安城西。根據文獻記載建章宮由三十六個宮殿組成，周圍約十餘公里，與未央宮相望，兩宮之間有飛閣相連，東有鳳闕，北有圓闕，還有太液池等以供舟遊宴樂，為漢代規模最大的宮殿建築。近代考古發現了前殿、太液池及夯土臺基等遺址。

該圖為元人想象漢代建章宮的建築風貌，其所繪建章宮應為元代建築的風格而非漢代建築。圖中殿堂建在臺基上，多為重檐歇山頂，正脊鴟吻體型稍顯瘦高，尾端彎度大，獸首張嘴啣脊。屋脊部份繪有花紋裝飾，或許是表示琉璃瓦飾，屋面畫出瓦隴

線，檐邊繪有飛椽、檐椽。外檐裝修在檐口下立柱，柱間加斜方格眼橫披窗，下裝重臺鉤欄。元代斗栱結構意義減退，裝飾意義增多，用料減少，裝飾性較濃。不用梭柱、月樑，而用直柱、直樑。此圖斗栱為元代以後的風格，昂多作‘琴面式’，元代‘批竹式’已臨絕跡，柱間有一至三朵補間鋪作，但距離不均等。元代補間斗栱的排列較宋稍均勻，形制亦較規格化。

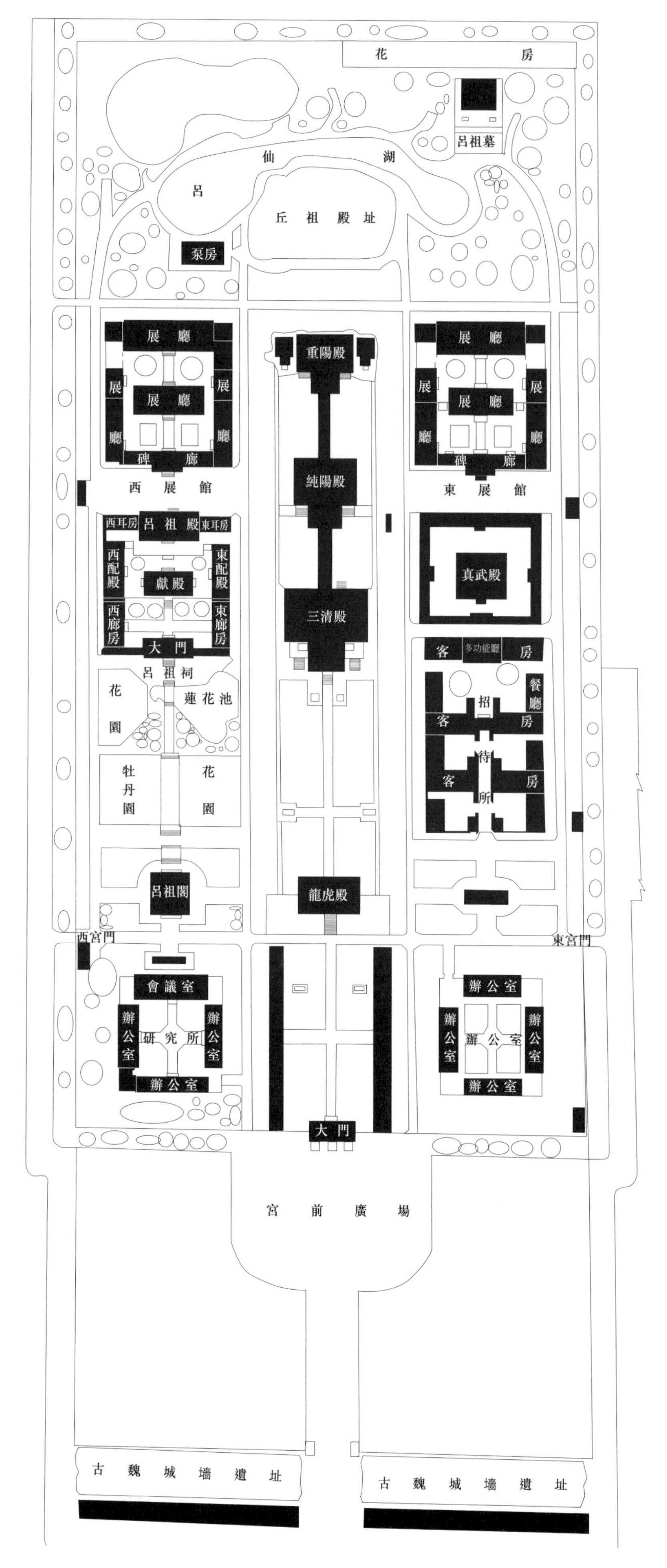

花 房
呂祖墓
呂 仙 湖
丘 祖 殿 址
泵房
展 廳
展 廳
展 廳
展 廳
碑 廊
西 展 館
重陽殿
純陽殿
展 廳
展 廳
展 廳
展 廳
碑 廊
東 展 館
西耳房
呂 祖 殿
東耳房
西配殿
獻殿
東配殿
西廊房
東廊房
大 門
呂 祖 祠
花 園
蓮 花 池
牡 丹 園
花 園
三清殿
真武殿
客
多功能廳
房
餐廳
招
客
房
待
客
所
房
龍虎殿
呂祖閣
西宮門
東宮門
會議室
辦公室
研 究 所
辦公室
辦公室
辦公室
辦公室
辦 公 室
辦公室
辦公室
大 門
宮 前 廣 場
古 魏 城 墻 遺 址
古 魏 城 墻 遺 址

永樂宮

山西芮城永樂宮平面圖

山西芮城永樂宮當代修建的山門

山西芮城永樂宮龍虎殿

龍虎殿又稱無極門，原為永樂宮的大門，建於元代。龍虎殿的殿基高峙，後檐的踏道向內收縮，使殿基呈“凹”字形。殿面寬五間，進深六椽，中軸上三間安門，梢間築隔壁。檐頭有斗栱承挑，梁架全部為露明造，技法上沿襲了宋金時代的“草栿”之規。門外的門墩有六隻石雕獅子，體態生動，雕工精巧。殿內壁畫畫在後部的兩梢間內，為神荼、鬱壘等巨形人物像。門上懸有正奉大夫參知政事樞密副使商挺（1209－1288）所書的“無極之門”豎匾一方，字體雄健。

草栿：宋代時稱有天花板的建築中，天花板以上不露明的梁栿。因加工粗糙而稱草栿。

山西芮城永樂宮龍虎殿內的
樑架結構

山西芮城永樂宮三清殿

三清殿又名無極殿，在龍虎殿之後，是永樂宮的主殿，殿內原供奉有三清像。殿宇為單檐廡殿頂建築，壯麗雄偉。殿面闊七間，進深四間，殿下臺基高大，月臺寬闊，前檐裝隔扇，四壁無窗。大殿外觀清秀，出檐較大，檐下斗栱均為斜栱。殿內減去前槽金柱，空間寬敞。室內外柱同高，柱頭斗栱形成鋪作層，鋪作層上部屋架與前期建築不同，無托腳，樑、檁和瓜柱直接連接，中間無斗栱過渡，説明這一建築是唐宋向明清建築過渡時期的建築。殿內屋頂有造工精細的小木作藻井六口，藻井的井底還有雕工精巧的蟠龍，有彩有塑，彩繪鮮艷，保存完好，十分罕見。殿頂有黃、綠、藍三彩琉璃剪邊，造工精細，色澤鮮亮。尤其殿脊兩邊的大鴟吻是由巨龍盤繞而成，上施孔雀藍釉彩，光彩奪目。殿內三壁佈滿壁畫，為元代所繪。

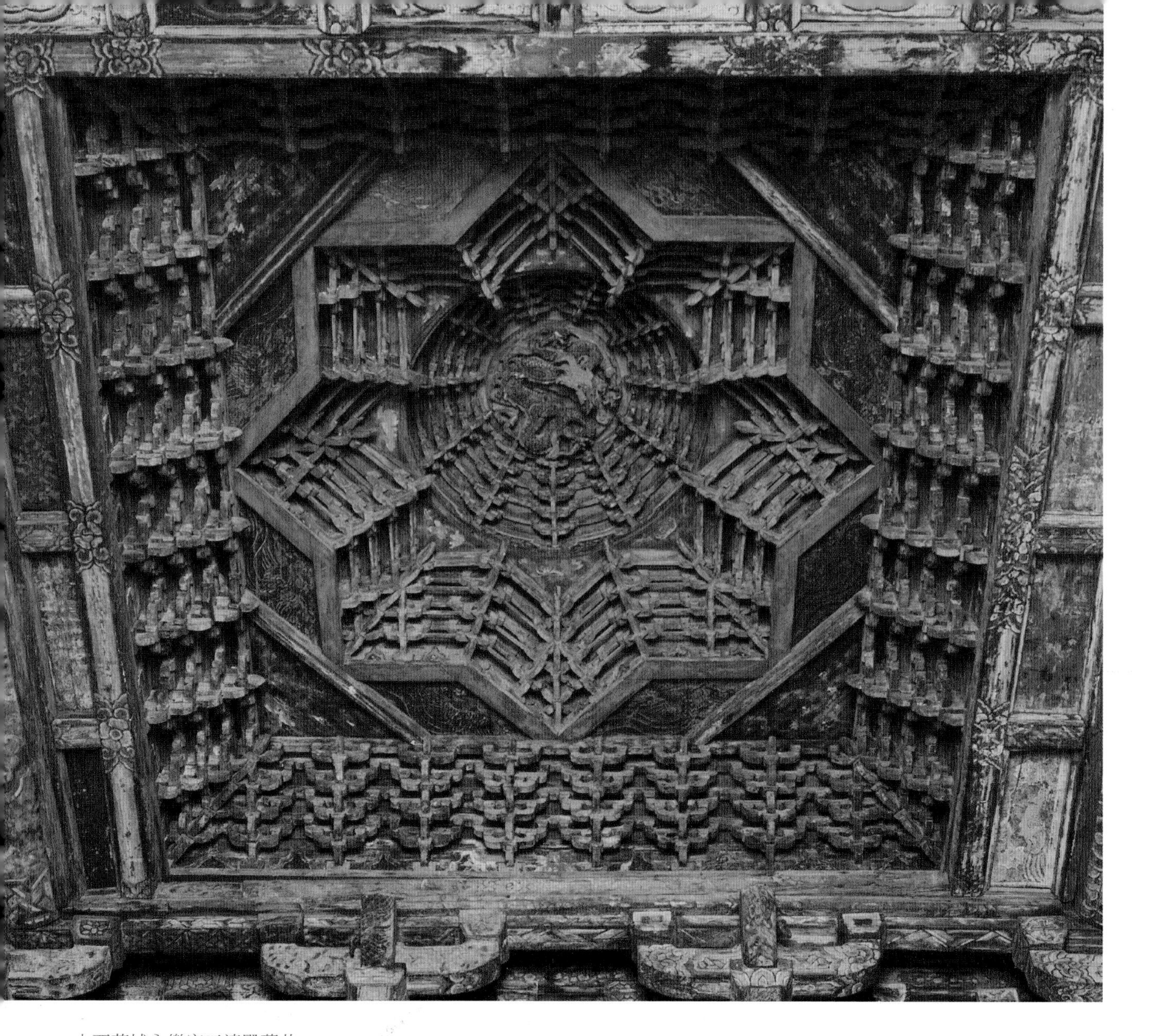

山西芮城永樂宮三清殿藻井

山西芮城永樂宮三清殿內部樑架結構 ➤

純陽之殿
永樂宮祖師廟

永樂宮純陽殿壁畫（局部）

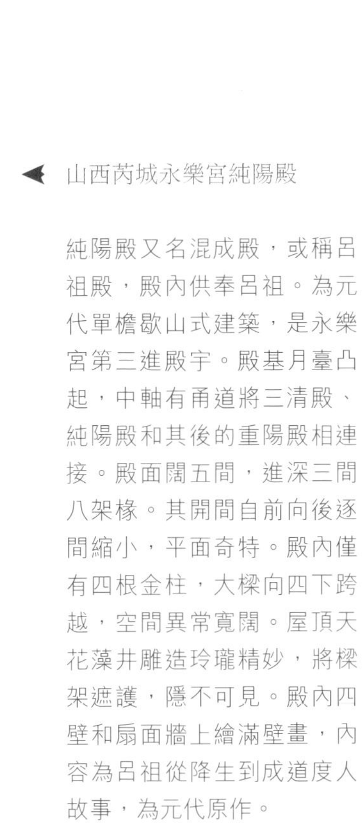

◄ 山西芮城永樂宮純陽殿

純陽殿又名混成殿，或稱呂祖殿，殿內供奉呂祖。為元代單檐歇山式建築，是永樂宮第三進殿宇。殿基月臺凸起，中軸有甬道將三清殿、純陽殿和其後的重陽殿相連接。殿面闊五間，進深三間八架椽。其開間自前向後逐間縮小，平面奇特。殿內僅有四根金柱，大樑向四下跨越，空間異常寬闊。屋頂天花藻井雕造玲瓏精妙，將樑架遮護，隱不可見。殿內四壁和扇面牆上繪滿壁畫，內容為呂祖從降生到成道度人故事，為元代原作。

永樂宮重陽殿

重陽殿又名七真殿，亦稱襲明殿，為永樂宮中路最後一座殿堂，殿內供奉全真派祖師王重陽和北七真像。為元代單檐歇山式建築。殿面闊五開間六架椽。殿內四根金柱，分佈於梢間，縱向用額枋承托。檐頭有斗栱托承出檐，樑枋斷面不一，仍沿襲宋金時代的“草栿”作法。殿內繪滿壁畫，以連環畫形式描繪了王重陽祖師從降生至成道、度化七位弟子的故事。

永樂宮重陽殿內頂部柱頭和補間雄大的斗栱

调
千年庙会雅乐高奏祭神诞
佛

山西洪洞水神廟

水神廟位於山西洪洞縣城東北霍泉源頭，主殿明應王殿為元代延祐六年（1319）重建，面闊、進深各五間，四周有迴廊，重檐歇山頂。殿內繪滿壁畫。1961年作為廣勝寺的部分被列入第一批全國重點文物保護單位。

山西蒲縣東嶽廟全景

山西蒲縣東嶽廟大殿及獻殿

山西蒲縣東嶽廟

蒲縣東嶽廟位於山西蒲縣柏山之巔，廟宇規模宏偉規整，佈局完整，景色宜人。該廟始創年代不詳，但金泰和五年（1205）已有，現存大殿為元代延祐五年（1318）重建。2001年被列為第五批全國重點文物保護單位。

正殿為重檐九脊頂，殿內僅用後槽二根金柱，柱頭用重栱承托樑架。檐下栱為六鋪作，樑架全部為露明造。殿柱均為石雕，前檐廊柱上有至正二十一年（1361）刻的《木蘭花詞》五首。殿頂有琉璃瓦覆蓋，脊飾為黃、綠、藍琉璃瓦製成。正脊除鴟吻、寶剎外，還有十一尊騎馬武士，垂脊上有六尊小獸。大殿前有獻殿，獻殿有一根蟠龍石柱，為金代遺物。

廟宇最後下十八層臺基便是“地府冥司十殿閻君府”，這種建築構造為中國道教建築中之少有。道教一向“重生惡死”，十殿閻君、十八層地獄等信仰約在宋代以後方才盛行，故道教宮觀中供奉十殿閻君的殿宇也應在宋代以後。因此，東嶽廟的“十殿閻君府”應是明代所建。

河南開封延慶觀玉皇閣

延慶觀位於河南開封包公湖東北部，是中國道教史上具有重要地位的宮觀，建於元太宗五年（1233），原名重陽觀，係為紀念王重陽在此傳教並羽化而修建。明洪武六年（1373）改名延慶觀，現僅存玉皇閣部分。玉皇閣高13米，坐北朝南，採用仿木結構，均用磚砌成。它下閣上亭，上圓下方，造型奇特，是一座蒙古包與閣樓的巧妙結合，具有元代風格。閣內供有真武銅像一尊，亭內為漢白玉雕玉皇大帝像。近年來，新修建有東西道房、三清殿等。1988年被列為第三批全國重點文物保護單位。

山西萬榮東嶽廟獻殿

東嶽廟又稱泰山神廟，是祭祀東嶽大帝的廟宇。該廟位於山西萬榮縣解店鎮東南隅，創建年代不詳，據廟內清乾隆年間《重修飛雲樓碑記》載，唐貞觀（627－649）時已有。元至元二十八年（1291）重建，距今1370餘年。該廟佔地面積10600平方米，中軸線上現存主要建築有山門、飛雲樓、午門、獻殿、香亭、正殿、閻王殿十八層地獄，經歷代維修，仍保持元代建築風格。

山西臨汾牛王廟戲臺

牛王廟戲臺位於山西臨汾堯都區魏村牛王廟內，廟建於至元二十年（1283），大德七年（1303）毀於地震，至治元年（1321）重建，明清曾予修補。廟內有正殿、獻殿、垛殿等，正殿內供奉的三王（牛王、馬王和藥王）塑像俱存。戲臺為木結構舞臺，舞臺平面為方形，單檐歇山屋頂，前面及兩側的前部敞開，為臺口，背面及兩側後部建有牆壁。臺上無前後場之分，前檐用石雕柱兩根，西柱銘文為"交底村都維那郭忠臣，蒙大元國至元二十年歲次癸未季春豎石，石泉村施石人杜李"。東柱銘文為"交底村都維郭忠臣次男郭敬夫，蒙大元國至治元年歲次辛酉孟秋下旬九日豎，石匠趙君王"。現存建築正殿、獻殿等均為明代重建，清代重修，惟戲臺還是元構，並保留宋金樂亭古制，1996年被列為第四批全國重點文物保護單位。

山西各地的廟宇幾乎都保留著古戲臺，這是其他地方少有的。

台，梨园国宝。

山西臨汾牛王廟戲臺頂部結構

額枋、斗栱等構件層層迭起，猶如龐大疏朗的藻井，精巧又簡練。

山西臨汾牛王廟戲臺臺柱的銘文和裝飾圖案

山西臨汾牛王廟戲臺轉角處結構 ➤

宝

山西臨汾牛王廟正殿與明代獻殿之間有廊連接

山西臨汾東羊后土廟戲臺（正面）

東羊后土廟戲臺位於山西臨汾市堯都區土門鎮東羊村。始建於元至元二十年（1283），元大德七年（1303）地震毀，元至正五年（1345）重修，現存大殿、獻亭、戲臺等，其中戲臺仍保持元代風格。戲臺坐南朝北，平面正方形，面寬7.47米，進深7.55米。正面敞廊，三面封閉，十字歇山頂。臺階高1.75米，臺寬7.75米，深3.5米，臺前豎有二根圓形抹角石柱，下有覆蓮柱礎，柱上浮雕蓮花和牡丹花生童子的圖案。內檐樑架斗栱三層，疊成八卦形藻井，結構別致精巧，故戲臺又稱八卦亭。東羊后土廟戲臺工藝精湛，是全國僅存七座早期戲臺中最為精巧的一座。它有助於研究元雜劇在平陽的發展歷史，以及金元時期戲臺的建造規制。

東羊后土廟戲臺頂部及內部的斗栱結構

山西臨汾王曲東嶽廟戲臺（正面）

王曲東嶽廟位於堯都區吳村鎮王曲村，明清兩代均有修葺。現僅存元代戲臺和清代正殿，2006年被列為第六批全國重點文物單位。戲臺坐南朝北，單檐歇山頂，平面近方形，臺寬7.25米，面寬7.25米。前檐兩根粗大的木柱支撐大額，後牆及兩山為土坯砌築，形成了三面砌牆正面敞口的形式，無前後場之分。斗栱為重栱雙下昂計心造作法，內檐樑架結構尤為別致。臺前有清末民國時期增建的硬山卷棚頂抱廈，兩者中間加了隔扇，儼然有前後場之分。

王曲東嶽廟戲臺（側面）

從側面可較清楚分別元代原構及後來增建的抱廈。

王曲東嶽廟戲臺內部斗栱結構

王曲東嶽廟戲臺原構和增構之間的隔扇

王曲東嶽廟清代修建的大殿

明清時期的道教建築

不論是道教信仰還是道教宮觀建築，到了明清兩代都已經進入穩定發展時期。這段期間也是中國古建築發展的最後一個高峰時期，因此現存的明清道教宮觀建築可說是古代宮觀建築中最規範和最標準的例子，當中更有不少是建築藝術精品。

明代

1368年明太祖朱元璋（1368－1398在位）推翻蒙元朝，結束了北方少數民族的統治。朱元璋在開國之後即大力恢復傳統中原文化和禮儀制度。明太祖重新確立傳統禮法維護了政治和社會秩序，但嚴緊的制度卻束縛了有明一代思想文化的發展，遏制了文人主動的創造精神和個性表現。就建築而言，明代的官式建築幾乎被定型化，單體建築在設計、結構、建造工藝等方面形成了一套嚴格的固定模式。明人關注的目標放在追求程式的完美和裝飾的精致，所以明代建築的總體風格是臻於富麗的繁縟，但缺少前代的質樸和豪放的氣勢。

明代單體建築在技術方面的進步，主要表現在大木構架整體性的加強。建築突出了樑、柱、檁的直接結合，減少了斗栱這個中間層次的作用。斗栱演變成爲墊托性、裝飾性的構件，一般只用於宮殿和寺觀建築，即使使用，其體量也大大縮小。結構的簡化不僅節省了木料的使用，也達到以更少材料營造更大的空間效果。因應斗栱作用的變化，屋檐的出跳也較以前變短，屋頂的坡度升高。建築中還大量使用磚石以補木結構的不足，這促進了磚石結構的發展，例如無樑殿的普遍出現。在建築裝飾方面，琉璃的燒製技術在硬度、色彩、紋樣上都大大改良，其防雨能力也有所增強。木雕、磚雕、石雕技術被廣泛應用到大中型建築的裝飾中，這一時期的室內裝飾也達到了頂峰。然而，明代建築最輝煌的成就，是由簡單的單體建築組合成庭院，再由一組組庭院組合成千變萬化的建築群體，這在創造群體建築空間上有顯著的藝術效果，取得了突出的成就。北京的紫禁城、天壇、太廟、社稷壇等皇家建築成爲這一類建築藝術的傑出代表，也是中華古建築文化的無價之寶。

道教在金元時期因分宗立派而發展得比較活躍，但到了明代初期卻

陝西西安都城隍廟正殿

都城隍廟位於西安市西大街中段北側。西安都城隍廟始建於明洪武二十年（1387），是當時全國三大都城隍廟之一。原在東門內九曜街，明宣德八年（1433）遷今址。現存正殿是清雍正元年（1723）重修，廡殿頂覆綠琉璃瓦，面闊三間，檐下懸“靈昭三輔”匾額，建築規模遠高於各地城隍廟。

陝西長治潞安府城隍廟

長治城隍廟位於長治大北街廟道巷，是明、清時期潞安府的府城隍廟。元至元二十二年（1285）創建，明弘治五年（1492）、清道光十四年（1834）重修。現存的正殿和角殿為元代建築，寢宮、戲樓、玄鑒樓等為明代建築，廊廡、耳殿為清代建築。

陝西三原城隍廟

三原城隍廟位於三原縣城東渠岸街中部，創建於明洪武八年（1375），是現存規模最大、最完整的明代建築群之一。該廟建築宏偉，佈局嚴謹。照壁、山門、四座牌坊、正殿和寢殿構成五重院落，中間甬道筆直到底，而東、西兩廊及鐘、鼓樓則沿中軸線左右對稱佈置。現改為三原縣博物館。

上海城隍廟

上海城隍廟坐落於上海最為繁華的城隍廟旅遊區，始建於明代永樂年（1403－1424），供奉漢代大將軍霍光。從明代至清道光年間（1821－1850）廟基不斷擴大，宮觀建築不斷增加，成為最繁盛的時期。“文革”期間神像被毀，廟宇被挪為他用。1994年恢復成為正一道觀，交還道士管理。

受到了比較多的抑制。有過出家經歷的明太祖熟諳宗教對皇朝之利弊，故從立國開始就嚴加檢束佛道兩教教團，又下令限制地方上寺觀和僧道的數目，並禁止四十歲以下的男子和五十歲以下的女子出家。與此同時，明太祖在京師設置道錄司和佛錄司，以及在府、州、縣設立分支機構，將宗教事務列入國家行政管理的範圍。明太祖認爲正一道可以“益人倫、厚風俗”而加以禮遇，相反批評全眞道“務以修身養性，獨爲自己而已”，這就造成了明代正一派的宮觀規格往往較全眞派的宮觀高。明太祖也把禮法秩序套用到神明的等級上，他把城隍神統一劃分爲都城隍神、府城隍神、州城隍神、縣城隍神四個等級，各級城隍廟的建築也有相應的規制，從此可推知明代道教宮觀建築也受到相類的限制。

不過在明太祖以後，不少明代帝王卻信仰和大力提倡道教。明成祖（1402－1424在位）深信自己可在靖難之變中登上帝位是得到眞武大帝的保佑，於是在永樂十年（1412）發動軍民二十餘萬人在武當山上比照北京紫禁城的規制大修宮觀，蔚爲奇觀。在皇室的信奉下全國各地也紛紛建立起眞武廟。歷史上明武宗（1505－1521在位）、明世宗（1521－1567在位）都以崇道見稱，他們在各地興建道觀，廣設齋醮，也促使了道教宮觀的營建。後代帝王的崇道使明初訂立的宗教管理制度陷於廢弛。

在宮觀建築的規制和佈局上，由於道教神仙體系至明代已經定型，因此各宮觀建築也相對一致，建築群主要以供奉三清天尊、玉皇上帝和各祖師的殿堂爲中心。不過，隨著城市商業經濟的繁榮發達，在道教信仰走向民間的發展趨勢下，特別是南方沿海地區，出現相當多供奉地方神明和民俗神明的廟宇，總體上廟觀內供奉的神仙比前代更加豐富。

此外，宮觀建築從這時起普遍建有鐘鼓樓。鐘鼓樓最初是城市設施，在晨昏時以鐘鼓聲作爲城門和坊門開閉的信號，後來爲佛寺和道觀亦採用了這個形式。惟道觀建鐘鼓樓在元、明以後才開始普及，這或許與全眞派“十方叢林[①]”的出現有關。宮觀的鐘鼓樓多建在山門後兩側，一般東面爲鐘樓，西面爲鼓樓。宮觀平日以鐘鼓聲來報時和召集道衆，黎明時敲鐘稱爲“開靜”，即打開一夜之沉靜；日落後擊鼓稱爲“止靜”，即停止活動復歸於寧靜。當觀內要舉行大活動時也會擊鼓鳴鐘。現今較大的宮觀都建有鐘鼓樓，而規模較小的也會在殿宇內放置一對鐘鼓。

① “十方叢林”：十方叢林是一種道觀管理制度，又稱十方常住。叢林屬於全個道教共有的產業，各地道士都有權“掛單”。由於來自四面八方的道眾合住一處，就像樹木叢集為林一樣，所以稱作十方叢林。

清代

1	2
3	4

1 北京白雲觀鐘樓
2 北京白雲觀鼓樓
3 陝西佳縣白雲觀鐘樓
4 陝西佳縣白雲觀鼓樓

清代建築基本承襲明代建築的風格，但比明代更具規範。清代編修的《清工部工程做法則例》將建築分爲廿七種類型，對每一種類型的尺度、用料都作了嚴格的規定。由於規定過於嚴格，缺乏靈活變通，使工匠無法發揮自己的創造力。清代建築的代表人物是供職於朝廷的“樣式雷②”家族，他們首開以“燙樣③”模型來推敲建築設計，六代人前後參與了北京紫禁城和衆多皇家園林的設計或施工。“樣式雷”的“燙樣”成就在於在單體建築定型的基礎上，追求群體建築組合的創新，使千篇一律的單體建築組合成變化萬千的建築群，而這亦是明清時期古建築發展的主要特點和成就。

清代滿洲人統治者主要信奉藏傳佛教，但出於民族政策的需要，還給予漢人信奉的道教禮遇。全眞派在清初頗受皇帝青睞。康熙帝（1661－1722在位）曾尊北京白雲觀方丈王常月（17世紀）爲戒師，受方便戒，並贈送金鐘、玉磬爲禮物，還題寫匾額“琅簡眞庭”，而乾隆皇帝（1735－1796在位）又曾題寫對聯“萬古長生，不用餐霞求秘訣；一言止殺，始知濟世有奇功”來稱頌長春眞人丘處機（1148－1227）。這使全眞道一度中興。相反清廷雖然依舊封贈龍虎山張天師，但天師的品位和職權卻被降低，後來更失去了上京朝覲和差遣法員傳度的權利，其地位逐漸下降。雍正帝（1722－1735在位）晚年信任正一派道官婁近垣（1689－1776）是個別的例子。

總體上來講清代道教的地位遠比前朝爲低，這也自然影響到宮觀建築的發展，譬如北京白雲觀雖然經過數次修建，但它的殿宇規格和體量卻始終不高。關帝信仰卻是一個例外。由於努爾哈赤（1616－1626在位）和皇太極（1626－1643在位）都十分喜愛三國故事，在入關前已經下令在盛京（今遼寧瀋陽）等地興建關帝廟，入關後清帝又推崇關帝是集仁、義、禮、智、信的道德模範，於是不斷加封且設廟供奉，使關帝成爲滿州人信仰中僅次於觀音菩薩的第二大神。清代興建的關帝廟又多又宏偉，使關帝從此成爲香火最鼎盛的其中一位道教仙眞。

現存明清宮觀建築比前代爲多，著名的有山東泰安岱廟、泰山碧霞祠；湖北武當山紫霄宮、金頂；江西貴溪龍虎山天師府；北京白雲觀；四川成都青羊宮、青城山古常道觀、上清宮；山西解州關帝廟、介休后土廟等等。

② 樣式雷：即以雷發達（1619－1693）為始祖的建築工匠家族。雷發達是今江西永修人，清初應募召入宮中服役，康熙年間（1662－1722）在重建太和殿工程表現突出，被封為工程營造所長班，負責宮廷營建。其子雷金玉繼承父業，參與了圓明園的建設。有清一代雷家前後六代人供職於朝廷，參與建造紫禁城、三海、圓明園、頤和園、靜宜園、承德避暑山莊及清東西陵的工程。

③ 燙樣：即施工前以百分之一或百分之零點五的比例用紙版熱壓成建築模型用來設計建築。雷氏家族以擅長製作燙樣而被稱作“樣式雷”。

鐘樓

鼓樓

陕西三原城隍廟鼓樓

山西運城解州關帝廟鐘鼓樓

山西稷山稷王廟鐘鼓樓

专家莅临检查指导

山東泰安岱廟天貺殿

岱廟舊稱東嶽廟或泰山行宮，位於泰山南麓泰安市區北部，是泰山最大和最完整的古建築群，為歷朝舉行封禪大典和祭祀泰山神的地方。岱廟創建歷史可以追溯至漢代，至唐、宋兩代時已殿閣輝煌。現存建築是明、清時期重修，其以宮殿規制佈局和建造，平面呈長方形，周環1500餘米。正殿天貺殿為泰山神東嶽大帝的神宮，通高22餘米。面闊九間，進深四間，坐落於2.65米高的雙層臺基上。屋頂為重檐廡殿頂覆黃琉璃瓦，重檐之間懸掛"宋天貺殿"豎匾。

山東泰安岱廟銅亭

銅亭又名“金闕”，位於岱廟內東北隅的臺基上。該亭係明萬曆年間（1573－1620）興建的鎏金銅鑄仿木結構，重檐歇山式，原位於泰山碧霞祠內，1970年代遷入岱廟。它與北京頤和園寶雲閣、湖北武當山金殿、雲南昆明金殿等幾座著名銅亭齊名。

紫霄殿
協贊中天
雲外清都

湖北武當山紫霄宮

紫霄宮位於武當山天柱峰東北的展旗峰下，始建於明永樂十年（1412），三面峰巒環抱，選址優越。觀分東、中、西三路，中路有龍虎殿、御碑亭、十方堂、紫霄殿、父母殿，層層臺基，依山迭砌，櫛次鱗比，十分宏偉。兩側有東宮、西宮，自成院落，清幽安靜。主殿紫霄殿面闊五間，重檐歇山頂覆綠琉璃瓦，殿脊和檐角上皆有琉璃脊飾。殿內斗栱、額枋、天花遍施彩畫，藻井有生動的二龍戲珠浮雕，裝飾金碧輝煌。殿前有寬闊月臺，四周圍有雕花石欄。殿基為三層崇臺，宏偉壯觀。臺基四周有石雕欄板和望柱。它不僅是武當山保存最完整的宮觀，且是現存最宏偉的道教古建築之一。1982年被列為第二批全國重點文物保護單位。

湖北武當山太和宮

太和宮在武當山天柱峰紫金城南天門外，建於明永樂十四年（1416）。殿堂依山傍岩，佈局巧妙，現存正殿太和殿、朝拜殿、鐘鼓樓、皇經堂、三官殿、戲樓等。太和殿前面的“小蓮峰”岩頂上建有一座轉展殿，又名轉運殿，內裏保存了一座元大德十一年（1307）鑄造的銅殿，是中國現存最早的銅鑄建築。

湖北武當山金殿

金殿在武當山天柱峰頂端，是明永樂十四年（1416）時鑄造以取代原有元大德十一年（1307）規模較小的舊殿。金殿是銅鎏金鑄仿木結構，面闊三間，高5.5米，寬4.4米，進深3.15米，重檐迭脊，翼角飛舉，脊飾有仙人走獸，形象生動。殿的四周臺基上有十二根圓柱，寶裝蓮花柱礎，並圍有銅柵欄。檐下斗栱檐椽結構精巧，額枋及天花板上雕有流雲和旋子圖紋。殿基為花崗岩所砌石臺，四周有漢白玉石雕欄杆。殿內神像、神案、供器也為銅鑄。金殿的建築構件、造像和陳設均為分件鑄造，通過接榫和焊接安裝完成，連接精密，毫無鑄鑿之痕，可見明代鑄銅技藝之精湛。金殿雖經歷近六百年的風雷雨電侵襲，至今依然金碧燦爛。1961年被列為第一批全國重點文物保護單位。

北京紫禁城欽安殿

欽安殿是北京紫禁城御花園的主體建築，殿內供奉銅鑄鎏金的真武大帝。該殿始建於明代，明嘉靖十四年（1535）增建牆垣後自成院落。它是紫禁城內唯一的重檐盝頂殿堂，盝頂中央有鎏金塔形寶頂。殿面闊五間，進深三間，坐落於漢白玉須彌座臺基上，四周有望柱欄板。殿前有寬敞月臺，四周圍以漢白玉石雕的欄板和望柱。院內東南有琉璃香爐，西南置夾杆石。因為明成祖（1402－1424在位）相信自己在靖難之變中得真武大帝的庇佑而登上帝位，所以宮中開始供奉真武大帝。此外，五行學説中北方屬水，在紫禁城北端供奉北方七宿之神真武大帝有祈求消除火患的用意。明、清兩代每逢節誕，欽安殿都設醮進表，清代皇帝每年元旦都會親臨捻香行禮。

欽安殿前琉璃焚香爐

欽安殿前夾杆石

山東泰山碧霞祠鳥瞰

碧霞祠位於山東泰山極頂南面，初建於北宋大中祥符二年（1009）。現存多為明、清時期建築，以山門分界為內外兩院。山門外東、西、南各有一門，稱為神門，其中南門上建戲樓，與東、西門上神閣相通。鐘鼓樓位於山門左右兩側。山門內有正殿、東西配殿、東西御碑亭和香亭。正殿五間，歇山頂，其殿瓦、鴟吻、檐鈴及殿內供奉的碧霞元君像均為銅鑄。東西配殿各三間，均用鐵瓦覆頂，分別供奉眼光娘娘和送子娘娘像。香亭重檐八角，亦祀碧霞元君銅像，兩側兩通御碑均為銅鑄，一為明萬曆四十三年（1615）《敕建泰山天仙金闕碑記》，一為天啟五年（1625）《敕建泰山靈佑宮碑記》，極具文物價值。在土木結構上用金屬構件是為了預防高山雷電和抵禦風雨侵蝕。整個碧霞祠建築群精巧別致，氣勢宏麗。

坤厚敌載物西河東海仰生成
消防箱

山東泰山碧霞祠正殿

山西萬榮西古后土廟秋風樓

秋風樓位於山西萬榮西古后土廟正殿後，因樓上藏有漢武帝《秋風辭》碑而得名。始建年代不詳，現存建築為清代所建。主體為三層樓，樓身高30多米，面闊五間，為十字歇山頂，東、西兩面各有横匾，東曰“瞻魯”，西曰“望秦”。一、二兩層四面各有抱廈一間，上築瓦頂，山花向前。二、三層四周均有圍廊，廊下置斗栱或平座，供憑欄遠眺黄河。樓下為高大的臺基，南北穿通，周圍有花欄。由於樓身建於高臺之上，使整個建築更加高大雄偉。第三層保存一通元代大德年間（1297－1307）所刻漢武帝《秋風辭》碑。1996年被列為第四批全國重點文物保護單位。

山西萬榮東嶽廟飛雲樓

飛雲樓位於山西萬榮縣東嶽廟內，始建年代不詳，現存是清乾隆十一年（1746）建築。樓高約23米，十字歇山樓頂，外觀三層，連同平臺和平座間兩個暗層實為五層。正方形的底層左右築牆，前後直通，四根通天柱直達樓頂。頂上兩層有勾欄，每面各出抱廈，各由平柱分成三個小間，上築屋頂，山花向前，下面用穿插枋和斜材挑承。各屋檐下斗栱緊密，結構位置不同，形狀各異，與檐頭的三十二個翼角相交織，壯觀華麗。飛雲樓把多種建築手法組合在一起，為中國樓閣建築的代表作品。1988年被列為第三批全國重點文物保護單位。

入口
Entrance
费标准
举报电话：12358 12315

山西運城解州關帝廟

運城解州鎮西關的關帝廟是中國規模最大的武廟，北靠鹽池，南臨中條山，殿宇樓閣與湖光山色交相輝映。因為位處在關聖帝君家鄉，所以又被稱為關帝祖廟。該廟始建於隋開皇九年（589），歷代均有擴建修葺，清康熙四十一年（1702）被火焚毀，後經十餘年的重建方成今貌。現存建築坐北朝南，嚴格依照“前朝後寢”及中軸對稱作佈局。廟分南北兩部，南部為結義園，由牌坊、君子亭、三義閣、假山、園林等組成，園內桃林繁茂。北部為主廟，前院以端門、雉門、午門、山海鍾靈坊、御書樓、崇寧殿為中軸，兩側有鐘樓、鼓樓、文經門、武門、木牌坊、石牌坊、鐘亭和碑亭；後院以“氣肅千秋”牌坊和春秋樓為中軸，兩側為刀樓、印樓。全廟建築都覆以黃、綠、藍琉璃瓦頂，並飾以琉璃脊飾、鴟吻，金碧輝煌。各個殿堂中以正殿崇寧殿和寢殿春秋樓建築最為精美。1988年被列為第三批全國重點文物保護單位。

山西運城解州關帝廟山門

山西運城解州關帝廟結義坊

結義坊是解州關帝廟南部結義園的標誌建築，為純木結構，四柱三門重檐三頂，檐下斗栱華麗壯觀。坊後連卷棚抱廈，比例協調，形制優美。正面書“結義園”，背面書“山雄水闊”。

◄ 山西運城解州關帝廟山門外的石牌坊

石牌坊建於明崇禎十年（1637），為四柱三門三滴水五頂建築，正面書“萬代瞻仰”，背面書“正氣常存”。整個牌坊造型優美，比例適度，其柱頭、柱間、額枋更雕刻了大量關聖帝君的三國故事，是石雕藝術的珍品。

山西運城解州關帝廟崇寧殿

崇寧殿為解州關帝廟正殿，建於清康熙五十二年（1713），建築面寬七間，進深六間，重檐歇山頂。殿頂琉璃脊飾高大精美，重檐下斗栱密佈，額枋等構件製造精巧。明間檐下有乾隆帝所書“神勇”匾額。殿周迴廊有二十六根石雕龍柱圍繞。殿前月臺寬敞，置有清人仿古製作的供案和香爐。臺基四周圍有雕刻精美的欄板和望柱。殿內明間是一座很精巧的清式小木作神龕，龕下有青磚臺基。神龕內供奉關聖帝君坐像，出巡之官轎和儀仗分列兩旁。無論建築、裝飾和佈置都顯示了正殿的莊嚴。

山西運城解州關帝廟崇寧殿的石雕龍柱 ➤

开

关帝神灵
福佑天下
开光
小金牌、
（手工制品）

山西運城解州關帝廟春秋樓

春秋樓是按“前朝後寢”制度所建的寢殿，現存建築為清同治九年（1870）重修，與前院有矮牆相隔，自成一體，其建築面闊七間，深六間，樓高兩層，為全廟最高。樓頂為二層三滴水、歇山頂，全用彩色琉璃瓦覆蓋。三層檐下皆施華麗的層層斗栱；中檐、下檐的柱頭和額枋皆鏤雕飛龍、孔雀、牡丹、壽星等圖案；下檐斗栱五踩雙昂形制，龍首含珠耍頭，精致華美。上下兩層分別供奉關帝讀《春秋》側身像和全身坐像。上層外側迴廊四周勾欄相接，可使人憑欄望遠，而其廊柱矗立在下層垂蓮柱上，垂柱懸空，內設搭牽挑承，從外面看上去，給人樓閣懸空之感，這是中國現存古建築之孤例，保存至今十分難得。

山西運城解州關帝廟春秋樓內部

神龕內供奉關聖帝君坐像，旁邊陳列了出巡時所用的官轎。

威靈震疊
伏魔大
焚香禁止
功德箱

山西介休后土廟獻殿

后土廟位於山西介休城內，始建年代不詳，據明正德十四年（1519）的重建碑記所述，其歷史可上溯至南朝劉宋大明元年（457）和蕭梁大同二年（536）。現存建築多為明、清時期所建。后土廟所有殿宇幾乎全用琉璃瓦件覆蓋，構件數量多且種類全，造型優美、製作精巧，為琉璃構件之精品。2001年被列為第五批全國重點文物保護單位。

陝西延安太和山道觀

太和山又名清涼山，位於延安城北的延河岸上，隔延河水與鳳凰山、寶塔山相望，山勢高聳，風景別致。太和山道觀位於山巔，主要供奉真武大帝。

山西稷山稷王廟精
美的木雕構件

北京東嶽廟岱嶽殿

北京東嶽廟位於北京市朝陽區神路街，是元延祐六年（1319）玄教大宗師張留孫（1248－1321）與弟子吳全節（1269－1346）創建。現存建築多清代所建，當代亦曾重修。整體建築坐北朝南，從山門、瞻岱門到正殿岱嶽殿一路有寬闊的甬道連接。正殿前面為歇山卷棚抱廈三間，後面為廡殿五間，氣勢恢宏。殿後又有廊與後面的育德殿相連，兩者組成“工”字形平面結構。1996年被列為第四批全國重點文物保護單位。

樞要專司握萬化
東
爱国

可回收垃圾
RECYCLABLE
不可回收垃圾
NOT-RECYCLABLE

北京白雲觀老律堂

老律堂是白雲觀歷代律師説戒傳法的地方，亦是日常舉行儀式的主要場所。該堂建在須彌座臺基上，正殿歇山頂三間，前接同等寬度的懸山卷棚抱廈三間，這樣設計提供了寬敞的室內空間。

陝西佳縣白雲山鳥瞰

白雲山位於陝北佳縣黃土高原上，東臨黃河，雄渾壯麗，白雲觀建於其間，與自然景色和諧相融。

陝西佳縣白雲山白雲觀神道

真武大殿

陝西佳縣白雲觀真武大殿

佳縣城南黃河之濱的白雲山以終年白雲繚繞而得名。山上的白雲觀始建於明萬曆三十三年（1605），清雍正二年（1724）重修並增建，以真武大殿為中心，五十餘座殿、樓、閣、洞、祠等依山勢分佈，宏偉壯觀。除此以外，觀內保存的千餘幅明、清時期壁畫都出自民間畫匠巧手，藝術和文物價值甚高。

真武大殿為卷棚抱廈建築，殿頂脊和側脊有綠琉璃燒制的脊獸、寶頂、龍吻，檐下額枋、柱頭和雀替上則有懸塑裝飾和浮雕圖案，十分精美。

陝西佳縣白雲觀戲臺

1947年解放戰爭期間毛澤東（1893－1976）與任弼時（1904－1950）等中共中央領導曾與群眾一起在此觀看晉劇。

成都青羊宮斗姥殿

青羊宮位於成都市西，相傳是老君與尹喜相會的“青羊肆”，後人在此興建道觀，至唐僖宗（873－888在位）時下詔改名為“青羊宮”。該宮現存大部分都是清代建築，主要有山門、靈官殿、混元殿、八卦亭、三清殿、斗姥殿等。宮觀的樓閣多位於正殿後部，青羊宮斗姥殿即為一例。

四川成都青羊宮八卦亭 ➤

八卦亭建於清同治十二年（1873）至光緒八年（1882），亭內供奉老子騎青牛像，是青羊宮的標誌建築。該亭高約20米、寬約17米，設計和造工都極為精巧。它的臺基呈方形，亭身呈八角形，亭頂為圓形，以象徵“天圓地方”。兩層亭身全為木石結構，由內外十六根石柱支撐，其中外檐的八根浮雕鏤空滾龍抱柱，氣勢磅礴，栩栩如生，是石雕藝術珍品。亭身沒有牆壁，只有龜紋隔門和雲花鏤窗。每層飛檐都精雕著獅、象、虎、豹，各種獸吻鑲嵌在雄峙的翹角上。屋面為黃、綠、紫三色琉璃瓦，屋頂蓮花瓣襯托著獨具風格的琉璃葫蘆寶頂，造型優美，甚為壯觀。

廣東羅浮山沖虛古觀

羅浮山又名東樵山，位於廣東博羅西北部，橫跨博羅、龍門、增城三地，是十大洞大中的第七洞天。東晉葛洪（284－363）在羅浮山採藥煉丹時開創了東、南、西、北四庵，其中的南庵都虛觀便是沖虛觀的前身。現存北宋建築是清同治年間（1862－1874）重修，其裝飾華麗的殿脊和高大的臺基是東南沿海廟宇的典型建築風格。

澳門媽閣廟

媽閣廟位於澳門半島西南方，是澳門三大古刹中最古老的一座。該廟始建於明弘治元年（1488），面臨大海，倚山而築，現有大殿、弘仁殿、觀音閣和正覺禪林等建築，反映佛、道信仰融和的特色。據説澳門的葡萄牙文名稱“Macau”是源自“媽閣”的音譯，故該廟可説是澳門歷史發展的見證，2005年作為澳門歷史城區的部分被列入世界文化遺產名錄內。傳統上沿海的天后廟都面向大海，用意是祈求天后元君保佑商旅和漁民出海平安。

寧夏平羅玉皇閣

玉皇閣位於平羅縣城關鎮北，是西北最大的道教宮觀之一。該閣始建於明永樂年間（1403－1424），清光緒年間（1875－1908）及民國年間擴建為今貌。整個建築造型非常獨特，前後兩進院落坐落在高大的磚包臺座上，分為四級由南向北逐漸升高，中間有迴廊、過洞、天橋層層相接，高樓氣勢宏偉，小閣玲瓏剔透，無論設計和工藝都十分精湛。

當代的道教建築

① 全國重點宮觀：1983年國務院發佈了《關於確定漢族地區佛道教全國重點寺觀的報告》確認二十一處全國重點宮觀，包括北京白雲觀、遼寧瀋陽太清宮、千山無量觀、江蘇茅山道院、浙江抱朴道院、江西龍虎山天師府、嶗山太清宮、山東泰山碧霞祠、河南嵩山中嶽廟、湖北武漢長春觀、武當山紫霄宮、武當山太和宮、廣東羅浮山沖虛古觀、四川成都青羊宮、青城山常道觀、青城山祖師殿、陝西西安八仙宮、終南山樓觀臺、華山玉泉道院、華山鎮岳宮、華山東道院。

1911年辛亥革命結束了君主專制，爲中國政治、社會、思想文化帶來翻天覆地的變化。在新時代裏一些高道曾嘗試改革，例如1912年北京白雲觀方丈陳毓坤（1854－1936）主持成立了中央道教會，同年秋龍虎山六十二代天師張元旭（1862－1925）在上海成立了中華民國道教總會，旋又成立上海正一道教公會。可是在新文化運動中，包括宗教信仰在內的傳統文化受到猛烈批判，繼而國民政府又在1929年頒佈“神祠存廢標準”關閉大量寺觀，加上國內數十年間戰火不斷，在這幾個因素下道教宮觀的命運十分坎坷。部分宮觀被官方拆除或戰爭破壞，蕩然無存；部分日久失修，近於荒廢；部份則從此被改作政府機關和學校等用途。

1949年新中國成立以後，道教是政府承認的五大宗教之一，在這時代背景下全國道教界於1957年在北京成立了中國道教協會，宗教活動和發展得到合法保障。惟文化大革命中道教和其他宗教同樣受到很大的衝擊，直到1978年中國共產黨舉行第十一屆三中全會後，宗教政策才重新得到全面貫徹落實。各地的宮觀陸續恢復開放爲宗教活動場所，而其中二十一處於1983年經國務院批准爲全國重點宮觀[①]，及後全真道傳戒和正一道授籙儀式也都得到恢復。道教終於進入了近百年來發展的好時機。

由於改革開放帶來社會經濟的繁榮，加上建築技術的進步，當代中國大陸重修或新建的道教宮觀都規模宏大，裝潢富麗。可是從單體建築的規格和工藝水平來講，它們與歷代的宮觀相比還有很大距離。與此同時，因爲建築形式不再受帝制下禮儀等級制度的規制，宮觀每以建得越大、越高、越華麗爲越好，結果整體佈局或殿宇建築往往忽略了神仙的品位等級，並且缺少了典雅大氣的風格，而更趨於世俗。迄今當代宮觀建築的精品之作不多，其中山東臨朐東鎮沂山玉皇閣、海南定安縣玉蟾宮、湖南衡山朱陵宮、江蘇茅山乾元觀、福建泉州玄妙觀等建築具有一定的代表性。

在中國大陸以外的道教宮觀建築也各具特色。臺灣宮觀主要以閩南風格爲主，其中臺北指南宮在山間興建的凌霄寶殿樓高六層，氣勢宏偉。香港寸金尺土使宮觀佈局更爲緊湊，其中蓬瀛仙館依山而建的正殿矗立在高大臺基上，圓玄學院三教大殿模仿北京天壇的設計，都別具特色。此外，道教隨華人移居傳播到東南亞和歐、美、澳、紐等地區，這些地區也有不少具規模的宮觀建築，加拿大多倫多蓬萊閣三教大殿便是其中之一。

陝西終南山樓觀臺新建的山門

終南山樓觀臺在明、清以至近代飽歷滄桑。1980年代初宗教政策重新得到落實後，道眾在各方支持下陸續修復山門、各個殿堂、説經臺、園林等，經過三十多年面貌煥然一新。

終南山古樓觀

陝西終南山樓觀臺新建的園林

江蘇茅山道院

茅山位於江蘇南部的句容、金壇之間，古名句曲山，是十大洞天中的第八洞天。西漢時茅盈、茅固、茅衷兄弟三人入山修道，後人為紀念他們得道把句曲山改名為三茅山，簡稱茅山。茅山原有的“三宮五觀”在抗日戰爭期間多遭日軍破壞，到1949年後“三宮五觀”即合併為“茅山道院”。經過多年修繕與重建，茅山許多宮觀恢復了昔日的光彩。

廣東花都圓玄道觀

圓玄道觀位於廣州花都新華街九潭村，由香港圓玄學院出資興建，是當代廣東最大型的宮觀建築群之一。該觀首期工程佔地約十萬平方米，於1998年落成開放，建有三清殿、淩霄殿、三聖殿、元辰殿、觀音殿、黃大仙殿、純陽殿等；第二期“老子道德文化園”佔地約八萬多平方米，於2011年落成，新建文化廣場、老子青銅像和園林等。

山東臨朐沂山玉皇閣

沂山位於臨朐南部，是古代“五大鎮山”中的“東鎮”。沂山主峰玉皇頂以舊有玉皇廟而得名，2010年頂上的玉皇閣重建落成。新建築高29米，係三重檐十字脊歇山頂及四面抱廈結構，每層檐有十二個翼角向外挑出，極為玲瓏精巧。閣的第二層有圍廊，登高遠望，沂山風景盡收眼底。

香港黃大仙祠正殿

香港黃大仙祠麟閣

香港圓玄學院三教大殿

圓玄學院位於香港新界荃灣三疊潭，籌建於1950年，崇奉儒、釋、道三教同源思想。1971年開幕的三教大殿外型仿自北京天壇。雖然該院坐落山中，但佔地寬廣，滿佈牌坊、亭臺、園林、雕塑等，環境雅致。

◀ 香港黃大仙祠

黃大仙祠位於香港九龍竹園，由嗇色園道侶於1921年興建，供奉東晉仙人黃初平。該園最初僅為供道侶潛修的場所，直到1956年全面開放予公眾參拜。經過歷年擴建，該園現有正殿、三聖堂、意密堂、財神殿、藥王殿、福德殿、靈官殿、飛鸞臺、經堂、麟閣、玉液池、盂香亭、照壁、從心苑、九龍壁等多個建築。其中正殿東側軸線上的飛鸞臺、經堂、玉液池、盂香亭、照壁，分別取象於金、木、水、火、土五行，寓意五行齊備，道基鞏固。

香港蓬瀛仙館

蓬瀛仙館位於香港新界粉嶺，創建於1929年。現有佈局自1970代末起重新規劃，整體建築依山而建，正殿是重檐歇山頂仿古建築。館內的太上道德經壁、十二生肖石刻、軒轅問道圖彩塑把道教文化融於建築藝術中，饒富特色。

呂祖訓曰：
「吾以誠格，
非以財臨。」
清香一枝
響應環保
供奉清香一枝，虔誠禱告，便可至誠感格。
若能支持環保，愛惜自然，更是功德無量。

香港青松觀

青松觀位於香港新界屯門，創建於1949年。現觀址是1960年購地興建，整體以純陽寶殿為中心，四周廣置園林，花林池榭，風景清幽。

臺灣臺北指南宮凌霄寶殿

指南宮位於臺北木柵東郊指南山麓，俗稱仙公廟，正殿供奉呂祖。該宮供奉的呂祖是清光緒八年（1882）從中國大陸分靈而來，原先供奉於臺北艋舺（今萬華）的玉清齋，其後得信善捐地於光緒十六年（1890）遷至現址，並改號“指南”，寓意成為濟世度人的指南針。該觀歷年擴建了不少殿堂，其中1966年落成的凌霄寶殿樓高六層，氣宇軒昂，最頂的屋脊採用閩南風格，雕龍飾鳳，第二層屋頂則採用北方傳統，飾以脊獸，設計頗為突出。

加拿大多倫多蓬萊閣三教大殿

蓬萊閣是由香港移民創立的道教團體興建。2007年開幕的三教大殿位於多倫多西北面的奧蘭治維爾（Orangeville）國際道家太極中心內，外型是古代中國的重檐歇山殿宇，但用料及設計則現代化，殿頂瓦片全部採用銅製，並利用銅鑞補漏冷縮熱漲的原理來固定而完全不用一根釘，是現代建築技術和傳統建築風格的結合。

三教大殿

垃圾

第三章

道教園林、塔、石窟及碑林

道教園林

園林是中國特色建築之一，古籍中也稱作園、囿、苑、園亭、庭園、園池、山池、池館、別業、山莊等。園林通過在天然或人爲的山水地形上營造建築和栽種植物，以創造一個供人觀賞、遊憩、居住的理想環境。

園林的起源與中國傳統哲學中“天人合一”思想有關。中國人自古以來就崇尚自然，知道人的生活總是離不開自然的。人既享受著自然的恩賜，也受著自然的約束，所以古人要敬天、敬地、敬山河。例如老子說：“人法地，地法天，天法道，道法自然。”（《道德經·二十五章》）孟子云：“上下與天地同流。”（《孟子·盡心》）莊子說：“天地與我並生，而萬物與我爲一。”（《莊子·齊物論》）都把人和天地連爲一體。孔子更將人的品格道德與自然相比較，提出了“智者樂水，仁者樂山”、“登東山而小魯，登泰山而小天下”的山水觀。從此“高山”和“流水”便成爲品格高潔的象徵。最初人爲了躲避風寒日曬和野獸侵犯而蓋起了房屋，其後又感到房屋將人與自然隔離開了，於是開始尋找人與自然和諧相處的結合點，結果園林就成爲人探求自然、親近自然、享受自然的最好場所。

總的來說，古代園林可概括分爲皇家園林、私家園林和寺觀園林三種。道教園林屬於寺觀園林，它既有皇家園林和私家園林的一些特點，但其旨趣卻又有所不同。

古代園林中以皇家園林出現最早，規模最大。據文獻記載，商周時中國就有專供帝皇巡狩、遊樂的苑囿。春秋時吳王夫差（前495－前473在位）建姑蘇臺，並作天池，在池中乘青龍舟遊樂嬉水。秦統一中國後修建了規模宏大的宮殿、園林苑囿。據《三輔黃圖》稱：“離宮別館，彌山跨谷，輦道相屬，閣道通驪山八十餘里。表南山之巔以爲闕，絡樊川以爲池。”又《秦記》云：“引渭水爲池，築爲蓬、瀛、方丈。”可知其苑囿園林之宏大，也從中看出這位始皇帝對東海仙山神仙世界之追求。據《史記·孝武本紀》記載，漢武帝時建有上林苑、建章宮等苑囿。建章宮北太池“其北治大池，漸臺高二十餘丈，名曰泰液池，中有蓬萊、方丈、瀛洲、壺梁，象海中神山龜魚之屬。”從秦皇、漢武至隋、唐，“一池三山”成爲皇家園林的佈局模式。山無水不活，水無山不靈，對神山仙水的崇拜嚮往成爲中國人造園林的思想基礎，因此真水和假山也就成爲中國造園的兩個基本條件。

魏晉南北朝私人造園活動的興盛，使園林建築發展進入轉折期。當時政治和社會環境動盪，爲了忘卻現實生活中面對的混亂和痛苦，人更樂於追求返樸歸眞的精神境界，其中玄學思想更大大激發了人對大自然的嚮往之情。一些王侯貴族和富商爲尋求精神上的安寧，開始效仿皇家建造私人園林。這些私家園林沒有能力達到皇家園林之宏偉，反而更加注重自然意境和高雅的情趣。

園林建築在隋、唐和兩宋時期漸趨成熟，在明清時期更得到長足的發展。隨著隋、唐時國家統一，社會經濟繁榮，皇家園林在盛世氣象下更加宏大華麗。隋煬帝（604—618在位）的西苑以水爲主景，水流荷池，小橋曲徑，楊柳修竹，應有盡有，並開創了園中再建園的先河。唐代的大明宮、未央宮中都建有景色優美的宮苑園林。驪山的華清宮是以溫泉爲主的離宮別苑，工匠又依自然山水之勢，在園內佈置亭、臺、樓、閣及園中別園，使它相比宮中園林更有意境。到了宋代，皇家園林不僅突破了“一池三山”的模式，且更加注重藝術的加工和情趣之美，強調了園林的詩情畫意，使園林更富藝術性和觀賞性。北宋最著名的皇家園林是艮嶽和金明池，其中艮嶽是由喜好繪畫詩文的宋徽宗（1100—1126在位）親自設計的。據記載，園中的假山似眞山又非眞山，溪流曲徑，茂林蓊鬱；亭臺樓閣佈於其間，優雅脫俗，頗有濃厚的文學氣息。徽宗皇帝還特許每年三月初一至四月初八，平民百姓可參觀遊覽皇家園林金明池，這是其他皇朝所沒有的。唐、宋時文人寄情山水的風氣也使私家園林得到了重大的發展，文人富商或在宅旁葺園地，或在近郊置別業，蔚爲風氣，這從北宋文學家李格非（約1045－約1105年）《洛陽名園記》的記述可見一斑。到了明、清時期園林發展又到了另一個高峰期，以北京的皇家園林和江南蘇州、揚州的私人園林爲代表。這些過去深藏於高牆內的園林如今都已對外開放，當中蘇州古典園林和頤和園先後被聯合國教科文組織列爲世界文化遺產。

據文獻記載，道教園林出現在唐、宋時期。這段期間，不少皇帝敕旨尊號一些道教神明爲“帝君”，並爲其興建宮觀。而按照“帝君”的品位，這些神明亦須享用帝皇的待遇，因此宮觀中亦有園林建築。北宋眞宗（997－1022在位）和徽宗崇道，建有園林的道教宮觀就更多了。從保存至今的山西太原晉祠的園林，我們可以感受到宋代宮觀園林之氣度不凡。晉祠聖母殿恢宏富麗，魚沼飛樑別致精巧，晉水源頭——難老泉長流不斷，

金明池爭標圖 北宋 張擇端
天津博物館藏

金明池是北宋東京汴梁西郊瓊林苑的一部分。太平興國元年（976）宋太宗（976－997在位）下令開鑿，建成後引入金水河水，池型方整，四周有圍牆，原用作檢閱水軍演習，後來主要為皇室遊樂場所。池內巨型拱橋“仙橋”和“水心五殿”建築瑰麗，至明代還是“開封八景”之一。

北京頤和園

清代修建的頤和園沿用皇家園林“一池三山”的傳統佈局，園內昆明湖中的南湖島、治鏡閣、藻鑒堂等便是模擬“三山”而建。

周柏、唐槐至今生機盎然，鬱鬱蔥蔥，亭臺樓榭佈於其間，遊人遊於園中流連忘返。

現存明、清時期建有園林的道教宮觀多爲供奉“帝君”的大型宮觀或帝王敕建的廟宇，集中在北京、西安、武漢、南京、蘇州、開封等大城市中。此時，道教宮觀建造園林已不僅僅是爲了所供奉的神明，讓神明享受人間帝皇的待遇，而是賦予了更多的道教自身信仰的意義。道教崇奉自然，追求人與自然的融合，達到人與自然同長同久的目的。道教還認爲自然山林是神仙棲息修煉之所，所以那些遠離山林的城市廟觀便在廟中建造園林，使這些宮觀建築依然可以與山川自然景色聯繫在一起。

道教宮觀園林與皇家園林和私家園林的差異大致有幾點。首先是審美情趣的不同，它既是道教神仙棲息之所，也是道教徒避開塵世清修之處，所以道教宮觀園林的特別之處在於它的宗教內涵，這是其他園林所沒有的。其次，道教宮觀園林又是公共園林，它需要服務香客遊人。古代皇家園林和私家園林向來不向普通百姓開放。反觀道教宮觀園林，人們可以隨意遊憩，在宮觀園林中享受、欣賞園林之美景，所以宮觀園林在設施佈局上也必須照顧到公衆的需求。而“逛廟”更成爲香客遊人到廟內上香禮神之外的又一項活動。最後，宮觀園林兼收並蓄，既有皇家園林的氣派，又有私家園林的精巧。那些供奉“帝君”的大廟和皇家敕建的宮觀，多少都帶有一些皇家園林的氣息。與此同時，因爲宮觀園林規模較小，佈局上亦常常仿效私家園林，顯得緊湊別致。

道教宮觀的園林建築因地域和自然環境的差異而有所不同，總體上可分爲兩大類。一類以人造景觀爲主，即在人造的山林中建有亭、臺、樓、閣及迴廊等，如北京白雲觀、成都二仙庵、山西解州關帝廟等等。另一類是以自然景觀爲主，將廟觀建在環境秀美的自然山水間，周邊輔以人造景觀，如四川青城山天師洞、陝西周至樓觀臺、江蘇茅山道院、福建武夷山桃源洞、廣東羅浮山沖虛觀、遼寧千山無量觀、杭州葛嶺抱朴道院等均屬於這一類。這些廟觀鑲嵌在自然山水之間，與自然景觀和諧相處，如同一幅幅中國山水畫，人在其間，似在畫中遊憩。

各地的嶽廟也都造園，園林綠樹蓊鬱，花草綴於其間。江西龍虎山天師府院內老樹參天，花草不斷，與宏偉的殿宇和小巧的庭院相映成趣。江南的一些道觀儘管面積不大，但佈置小巧的園林種上幾竿翠竹，擺放幾塊奇石，透過漏窗隱約可見園中美景，例如上海的大境廟小天井中景色一樣別致可人。湖南南嶽的紫竹林道觀本身就處於山水間，小小的院落中更是山石流水，青竹花草，分外清新優雅。北方道觀因缺水，也因少奇石，多數道觀以蒼松翠柏或花草點綴道院。許多道觀保留名木、古樹，人從這些名木古樹可以瞭解道觀的滄桑和時代的變遷，例如天師洞的老銀杏樹、龍虎山天師府中的樟樹、江蘇揚州瓊花觀中的瓊花、北京白雲觀後花園的楸樹等等。

當代一些新建的道教宮觀也造有景色宜人的園林。海南文筆峰的玉蟾宮內，小橋曲徑，溪流平湖，綠植名花，亭臺樓榭，使莊嚴的道觀與秀麗的園林景觀融爲一體。廣東花都的圓玄道觀整體就是一個大花園，有奇石、假山、小瀑，花草綠蔭間還有露天雕塑點綴，一改傳統園林模式。香港黃大仙祠的“從心苑”面積不大，但佈局精巧，假山聳立，小橋流水，曲徑通幽，在繁華熱鬧的香港也十分難得。香港青松觀以衆多的盆景來美化道院，一盆盆或翠綠冬青，或蒼勁松柏，彰顯了獨立的個性，令人留戀不捨。

總之寺觀園林以其傳統的審美文化、獨特的宗教內涵和公衆文化價值，成爲中國園林建造中不可缺少的一個重要部分。

蘇州拙政園

拙政園位於江蘇蘇州婁門外，是蘇州現存最大面積的古園，為江南私家園林的典型代表。該園最初為唐代詩人陸龜蒙（？－881）的住宅，後改為大弘寺。明正德（1506－1521）初年還鄉的御史王獻臣買下寺產，拓建為園。全園以水為中心，建築臨水而建，山徑水廊起伏曲折，古木蔽日，山光水影，深富自然景色。

山東泰安岱廟園林

岱廟位於泰山南麓，是歷代皇帝祭祀東嶽泰山神的主要場所。廟內古木參天，盆景花草、山石、曲徑小池佈於其間，頗有皇家園林之氣勢。

北京白雲觀後花園

北京白雲觀後花園建於清光緒年間（1875－1908），是由清宮三品總管太監、道教霍山派第二代傳人劉誠印（生卒不詳）出資所建，至今後花園西小門上尚有劉誠印題寫的“小蓬萊”匾額。劉誠印出資修建這座花園最初是為了討好慈禧太后（1835－1908）。慈禧太后每年從紫禁城往頤和園的路上都要到白雲觀和萬壽寺小憩，劉誠印是以方便老佛爺休息之名出資建園的。劉誠印此舉也有個人目的，因為當太監年老體衰或因事而被逐出宮後，多不被家人接納，只能在寺觀中度過晚年。為了給晚年找個出路，許多太監都會利用在宮中行事時掙的錢資助寺觀，給自己今後找一安身之處。據稱劉誠印一生曾資助三十餘座寺觀約白銀四萬兩，其中前後資助白雲觀修建、傳戒等活動白銀約二萬餘兩。他出資的白雲觀後花園工程，假山的堆砌更

是由給皇家園林堆砌假山的蘇州“山石張”張家負責。張家為蘇州人，世代以堆砌假山而聞名。張家堆砌的假山似真非真，形狀輕巧大氣，故北京皇家園林中的假山多出自張家之手。白雲觀假山頗似故宮御花園的假山，有皇家風韻，所以白雲觀後花園的假山可以說是文物級的建築。後花園的中部有由迴廊圍起來的雲集山房和戒臺。雲集山房為律師給戒子講經之處，戒臺為傳戒時演戒之處。雲集山房兩旁有記載清末和民國初傳戒活動的碑石四通，中心區兩邊有假山、小亭和迴廊，頗似皇家園林。雖然後花園缺少水景，但在喧鬧的北京有這樣一個幽靜典雅的小園已十分難得。

北京白雲觀後花園雪景

江西龍虎山天師府園林

在一年一度的授籙典禮中，籙生在籙壇大師的帶領下穿過府內園林去朝拜祖師。

山西太原晉祠的園林

仙客乘鸞下

遼寧千山無量觀

千山又稱小華山、積翠山，位於遼寧鞍山市東，山中奇峰迭起，寺觀佈於其中。無量觀位於千山東北，始創於清康熙六年（1667）。觀中有老君殿、三官廟等建築分佈山間，使自然多了人氣，使宮觀多了仙氣。

四川青城山古常道觀第五洞天亭和園林

古常道觀俗稱天師洞，位於青城山山腰處，四周空谷環抱，古木垂蘿，自然風光清靜幽雅。山門、三清殿、黃帝祠建在中軸線上，莊嚴肅穆。天師洞建在崖壁洞穴中，十多個大小不等的天井和曲折的迴廊依地形而高下錯落，其間亭、橋、牌坊等建築點綴於自然山水之間，是園林融入天然山水的代表。

四川青城山古常道觀中相傳為張天師所植的古樹 ➤

四川青城山古常道觀在山林環繞之中別有天地。

神光普照
上善若水

四川綿陽西山觀

西山位於綿陽城西，風景迷人秀麗，山上建有西山觀，古稱仙雲觀，相傳為“蜀中八仙”之一爾朱仙修煉之所。西山人文古跡甚豐，西山觀下有一盤石，傳為西漢文豪揚雄（前53－18）的讀書臺，清代建有“子雲亭”以作紀念，又山頂有巍峨壯觀的蜀漢名臣蔣琬（?－246）祠墓。此外，西山保留了大量唐代道教石刻造像，極具文物價值。

上海大境廟

大境廟位於上海黃浦大境路，原係上海城牆西門北城箭臺，明萬曆年間（1573－1620）邑人在此建廟供奉關聖帝君。清嘉慶二十年（1815）建三層高閣。道光六年（1826）總督陶澍（1779－1839）題額“曠觀”，道光十六年（1836）總督陳鑾為東首新建牌坊題額“大千勝境”，後屢修屢廢。清時廟後桃紅柳綠，風光秀美，隆冬雪後，白雪遍地，一望如玉，別具特色，有“江皋霽雪”之譽，為滬城八景之一。經當代重修後，廟內修竹小景，十分可人。1982年被確定為上海市文物保護單位。

國泰民安
葛嶺仙境

葛嶺抱朴道院園林

葛嶺抱朴道院位於浙江杭州寶石山西，因葛洪（284－363）在此結廬煉丹而得名，山上有煉丹井等仙跡。葛嶺莽林蓊鬱，古觀樓閣在林中若隱若現，令人神往。

海南玉蟾宮

2006年開光的玉蟾宮位於海南定安文筆峰，宮內除宏偉的殿宇外尚建有園林。

塔、石窟及碑林

塔是東漢以後隨佛教從印度傳入中國的，所以一般稱爲佛塔。佛塔在梵文中稱爲“窣堵波”，翻譯成漢文則是“墓冢”的意思。塔最初是用作安放佛教徒遺骸的建築物。據《魏書·釋老志》稱，東漢時期建造的洛陽白馬寺的“宮塔制度猶依天竺舊狀而重構之”；又據《高僧傳》說，三國東吳赤烏十年（247）吳大帝孫權（229－252在位）曾下令修建舍利塔。惟塔傳入中國後，即與中國傳統建築結合，成爲了中國式建築。所以有人說，塔源於印度，輝煌於中國。

塔早期是寺院的中心建築，後來在寺院加入殿宇後發展出“前塔後殿”的形式。到了宋代，寺院的中心建築變成以殿爲主，塔便改建在佛殿之後，這種模式延至今日。明代以後，塔的作用得到了發展。塔除了原來的舍利塔、靈骨塔的作用外，還可以作爲風水塔[①]（或稱文峰塔）和具有紀念性、標誌性的塔。道教追求長生久視、得道成仙，本來是不建塔的，但至明、清時，道教宮觀中也出現了塔的建築，如北京白雲觀的歷代方丈塔（今已不存）、羅公塔，湖北武當山的塔林、遼寧千山無量觀的八仙塔、祖師塔、陝西周至樓觀臺的劉合侖衣缽塔、山西解州常平村關帝家廟的父母塔、甘肅敦煌的王道士塔等。當代一些地方也曾爲高道大德修建紀念塔或墓塔，例如北京白雲觀原方丈王理仙墓塔和遼寧千山無量觀許信友墓塔等。

中國最早的塔以樓閣木塔爲主，後來多採用材質更耐久的磚石，在樣式方面又出現了密檐塔[②]、金剛寶座塔[③]、覆缽塔[④]（又稱喇嘛塔）、花塔[⑤]等。一般塔的層數爲單數，由一級、三級、五級到十三級不等。

塔的結構是由塔基、塔身、塔刹三部分組成，有的塔下邊還設有大大小小的地宮，用以埋藏遺骸、舍利、經典寶藏。

塔基是塔的基礎，它由基臺和基座兩部分組成。基臺是承載塔的平臺，它位於塔的最底層。如塔中設有地宮，一般設在基臺下。基座是塔的座子，建在基臺上面，四周雕有精美的圖案。有的基座爲須彌座式樣，須彌座上下寬大，中間束腰，四周雕有花紋。“須彌”本是印度神話中的神山，是佛和菩薩的居所，也是人類居住世界的中心。日、月及三界諸天都環繞這座神山運行，所以須彌座是神山的象徵，也表現了塔的神聖。

塔身是塔的中間部分，由於塔的建築形式不同，塔身形狀也不同。亭閣塔小巧玲瓏，只有一層，如北京白雲觀羅公塔；樓閣塔是以層層樓閣相

① 風水塔：又稱文峰塔、文筆塔、文星塔等等，最早出現於14世紀的一種磚塔。多數由明清時代地方官主持建造，用以鎮風水和祈禱當地多出狀元人才而建的塔，位置常在府、縣城附近或文廟、山尖、路端，但一般多在縣城東南方。這種塔在江南居多。

② 密檐塔：密檐塔多為磚造，最大特點是塔身上的塔檐層層緊密相連。

③ 金剛寶座塔：金剛寶座塔的形式起源於印度，五塔的造型象徵著禮拜金剛界五方佛。中國的金剛寶座則塔底座高大，中間的塔比四周高。

④ 覆缽塔：覆缽塔又稱喇嘛塔，直接脫胎自印度的窣堵坡，元代隨著藏傳佛教廣泛傳播，主要用作舍利塔或墓塔，供崇拜之用。塔的最下面是須彌座，座上為覆缽塔身，塔身上面是一層較小的須彌座，座上為相輪，圓錐型，相輪多時可達十三層，相輪上為傘蓋和寶頂。

⑤ 花塔：花塔的主要特徵是塔身上部裝飾著精巧華麗的花紋，其實用功能已經完全消失，成了純粹的藝術品。

疊而成，高大挺拔；密檐塔層層相接，與外牆形成一體；金剛寶座塔由高大塔身和五座聳立的小塔組成。塔身內部又分爲中空和實心兩種，前者有樓梯可供人登高眺望，以樓閣式塔爲多；後者有中心柱貫穿全塔，再用磚石或泥土填滿空間。

塔剎是塔頂的裝飾，由剎座、剎身和剎頂組成。剎座是塔剎的基座，一般爲須彌座或蓮花座，內部多爲空心，可放置舍利、經典、珠寶等，別稱“天宮”。剎身是塔的標識，由套串在剎杆上的相輪組成。相輪的多少，取決於塔的等級。相輪上面有寶蓋（或叫華蓋），猶如傘一般保護相輪。剎頂則由仰月、寶珠或寶瓶組成。

在道教建築中，除了宮觀，道教尚有少量石窟建築。石窟除了造有道教聖像外，也是道人修行之處。例如山西太原地區的龍山石窟、重慶大足區的南山石窟等。石窟建築是隨著佛教傳入中國，因此它在中國主要以佛教爲多，道教的石窟建築數量則很少。雖然如此，但它們還是具有很高的藝術和文物價值。

道教宮觀內還建造有許多碑碣，這些碑石主要記錄了宮觀或道教發展中的一些大事，例如廟觀興建、帝皇封賜、高道傳記等等。它們都是道教歷史變化重要的見證，具有很高的文物和歷史價值。

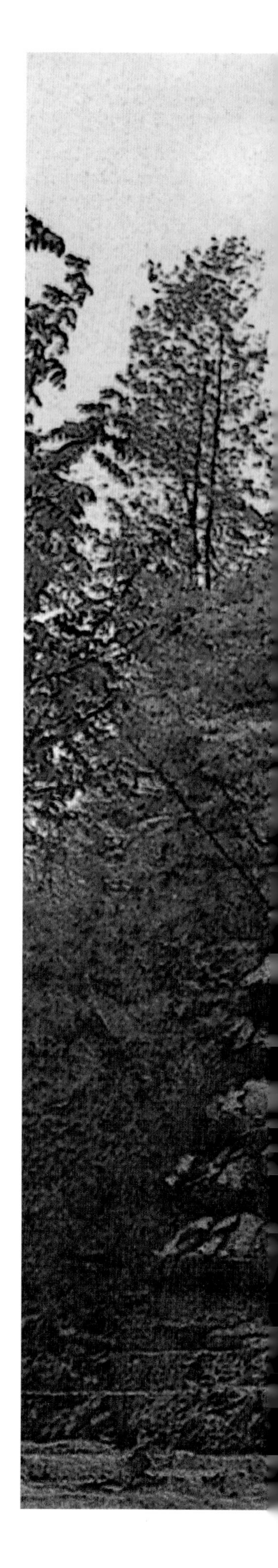

湖北武當山羽化道士藏蛻之墓塔

北京白雲觀羅公塔

羅公塔又稱恬淡守一真人塔，位於北京白雲觀東院後部，是清雍正三年（1725）為紀念羅真人所建。塔的平面為八角形，高約7米，為仿亭閣形式建築。全塔以磚石雕刻仿木結構建築，十分精致。塔基為仰蓮須彌座臺，上建八角形塔身，塔頂為三重檐小八角亭式，上面冠一大寶珠。塔的屋檐、斗栱、椽子、飛頭、瓦壟、脊獸、隔扇窗等都雕刻得與木結構一樣精細。整座塔美觀典雅，不僅是道教宮觀中塔的精品，也是清代前期少有的磚石雕刻藝術精品。塔座上的漢白玉石欄杆應該是當代所加，是一個失敗之作。

山西常平村關帝廟父母塔

常平村關帝廟又稱關帝祖祠，位於運城市南常平村關羽祖居地，現存建築多為清代遺構。相傳關羽年少時打死惡霸後逃離家鄉，他年邁的父母為免拖累兒子，雙雙投井自盡。鄉人為紀念關羽父母，便在該井上修建了一座墓塔。現存者應為清代重修，為八角七層磚塔。

遼寧千山無量觀八仙塔

八仙塔建於清康熙年間（1662－1722），是盛京將軍烏庫禮為劉太琳靜坐修真所建，因塔身有八仙浮雕而被稱作八仙塔。該塔為六角十一層密檐式磚塔，高13米。塔基為高大的須彌座，第一層較高大，正面闢一龕室。第一層以上為重疊密檐十層，檐下僅第一層有斗栱，其餘均無雕飾。

遼寧千山無量觀藏真塔

藏真塔又名許公塔，是1996年為紀念該觀老道長許信友（1904－1995）而修建的墓塔。全塔用雪花石雕刻而成，高約13餘米，六角九級飛檐，雕工精巧。

◀ 遼寧千山無量觀祖師塔

祖師塔是該觀開山祖師劉太琳的墓塔，建於清康熙年間（1662－1722）。塔高3米，全部用千山的花崗岩砌成，塔基為高大的須彌座，塔身上緊覆六角密檐五重，檐與檐之間幾乎沒有空隙。

青海西寧土樓山寧壽塔

寧壽塔位於西寧市北土樓山山頂，是土樓觀的重要文物。該塔據傳建於明代或清代，為六角五層翹角磚塔，高約15米。

◀ 遼寧千山無量觀葛公塔

葛公塔是1935年張學良（1901－2001）等人為瀋陽太清宮方丈葛月潭（1854－1934）修建，為密檐式磚石塔。

甘肅敦煌王道士墓塔

王道士墓塔位於甘肅敦煌莫高窟對面，是1934年為紀念王圓籙（1851－1931）所建。基座為四方形臺基，上面有八角形的塔座。塔身為拉長的覆缽形式，塔身的上部有一個圓形小亭，亭上塔剎為三個串在一起的蓮瓣圓球。這座墓塔頗似當地流行的喇嘛塔。

山西龍山石窟外景

山西龍山石窟內部造像

龍山石窟位於山西太原西南龍山山頂，是元代初年全真龍門派道士披雲子宋德方（1183－1247）主持營建。現存造像八十餘尊。

四川綿陽西山玉女泉石窟

西山的玉女泉和子雲亭石壁間有道教石窟二十餘龕，多為唐代石窟造像。

陝西戶縣重陽宮碑林

碑林中保存有31通元碑，其中包括趙孟頫手書的“大元敕藏御服碑”及“孫真人道行碑”、“七真人圖碑”、“萬壽宮圖石刻”及八思巴文碑等，是研究全真道的重要資料。

北京東嶽廟碑林

東嶽廟大殿兩側共保存有包括趙孟頫手書“張留孫道行碑”等道教碑石一百餘通，為研究道教文化的重要資料。

趙孟頫手書“張留孫道行碑”

碑文記載了玄教大宗師張留孫（1248－1321）的事跡及北京東嶽廟創建的過程，具有很高的藝術與歷史價值。

河南登封中嶽廟“中嶽嵩山靈廟之碑”

中嶽嵩高靈廟碑位於中嶽廟峻極門東側，刻於北魏太武帝太安二年（456），一說為太延年間（435－440）。碑高2.82米，寬0.99米，厚0.33米。碑額篆書“中嶽嵩山靈廟之碑”，額上及兩側飾蟠龍，額下仿漢制有穿透圓孔。碑陽楷書二十三行，每行五十字，敘述了中嶽形勝、太室祠興衰及寇謙之功績。碑陰有題名七列。

該碑碑文筆法古樸勁健，介於隸、楷之間，雄渾沉靜，頗具美、足、氣、理之妙趣，屬魏碑珍品，深受歷代金石家推崇。此碑歷來有拓本傳世，今剝落嚴重，只可見五百餘字。

中嶽嵩高靈廟碑拓片 ➤

中嶽嵩高靈廟之碑

河南登封中嶽廟五嶽真形圖碑

廟內現存二通同樣內容的碑石。一通在峻極門東掖門北走廊西，鐫刻於明萬曆二年（1574）春，高2米，寬0.78米，厚0.17米，圓首方趺，形制較小，人稱“小《五嶽真形碑》”；另一通在峻極門前東側，鐫刻於明萬曆三十二年（1604），高3.85米，寬1.25米，厚0.33米，圓首方趺，形制較大，人稱“大《五嶽真形圖》”。兩碑均按方位雕刻象徵五嶽形象的符篆，圖旁附註文字說明。據東晉葛洪（284－363）《抱朴子·登涉篇》所述，入山時佩帶五嶽真形圖可以召神辟邪。近代有學者認為一些版本的五嶽真形圖與用實測等高線繪製的地形圖極為相似，把它譬為中國乃至世界上最早的等高線地圖。

中嶽廟五嶽真形圖拓片 ➤

五嶽真形之圖

蓋聞
乾坤之内五嶽首
謂之神五嶽之中
岱嶽為其祖莫不
應乎造化生於混
沌之初立自陰陽
鎮乎坤維之位且
五嶽者古經甚分
掌世界人間學事

東岱嶽泰山乃天帝之孫群靈之府也在兗州奉符縣是成興公真人得道之處長白梁父二山為副嶽神姓歲諱崇封號天齊仁聖帝岱嶽者主於世界人民官職及定生死之期兼注貴賤之分長短之事也

北嶽恒山在定州曲陽縣是長桑公真人得道之處天涯崆峒二山為副嶽神姓晨諱萼封號安天元聖帝北嶽者主世界江河淮濟兼四足負荷之類管此事也

中嶽嵩山在西京河南府登封縣是寇謙真人得道之處女几少室二山為副嶽神姓惲諱善封號中天崇聖帝中嶽者主世界土地山川谷峪兼牛羊食啗之種管此事也

南嶽衡山在衡州衡山縣是太虛真人得道之處潛山霍山為副嶽神姓崇諱嵩封號同天昭聖帝南嶽者主世界星象分野兼水族魚龍之事也

東嶽太靈蒼光司命真君
南嶽慶華紫光注生真君
中嶽黃元大光含真真君
西嶽素元耀魄大明真君
北嶽爵微洞淵元極真君

西嶽華山在華州華陰縣是黃盧子真人得道之處終南太白二山為副嶽神姓姜諱善封號金天順聖帝西嶽者主世界金銀銅鐵兼羽翼飛禽之事也

謹按抱朴子云凡脩道之士棲隱山谷須得五嶽真形圖佩之其山中鬼魅精靈蟲虎妖怪一切毒物莫能近矣漢武帝元封二年七月七日夜西王母親降見王母巾器中有書卷紫錦囊盛之亦是斯圖太初中李充稱馮翊人三百歲荷巢華留負五嶽圖帝封負先生此圖如人出入作客過江渡海或入山谷或夜行又恐宿於凶房若此圖隨身一切邪魔魑魅魍魎水怪等晝皆隱跡遁避矣所居之處香花供養處心扶侍必降真祥之祐以感聖力護持

此圖郭次甫携之衆遊二十年持以見示
勒拾隱亭中五嶽山人陳文燭記
登封縣知縣孫東陽刻石

後記

道教是在中國本土孕育並發展的宗教，其發展與中華民族，尤其與漢民族的文化發展史緊密相連。道教建築藝術的發展演變，與漢民族思想文化關係密切，特別是當中建築藝術方面。然而，作爲一種獨立的宗教，其建築有別於世俗建築，同時又和其他宗教的建築截然不同。道教建築除了呈現鮮明的民族性，道教信仰的特點還造就了它的多樣性，這一點在其他宗教建築中難以找到的。龐大的神仙體系、出世與入世並重的宗教思想以及傳播久遠等因素，使道教建築藝術多采多姿。當中既有神聖與世俗的統一，又並存田園式與宮殿式兩種風格，而地域的差異又造成道教建築的複雜性。然而在複雜當中，它又有道教信仰作內在統一的聯繫。因此，我們可以這樣講，如果有人不承認道教建築，認爲道教建築與古代世俗建築無異，或認爲道教宮觀建築是從佛教建築演變而來，那顯然缺乏事實根據。

中國先民集中最精湛的建築技藝和大量的人力、物力，爲神仙建造了無數華美輝煌的宮觀殿宇。他們以自己的聰明才智創造了無數建築珍品，給我們留下了研究道教建築和中國建築歷史、工藝、藝術的寶貴遺產。

本書有幸成爲香港蓬瀛仙館道教文化叢書藝術精品系列之一，是得到香港蓬瀛仙館在人力、物力方面的極大支持。同時，本書在編寫過程中也得到了北京白雲觀、北京東嶽廟、陝西省道教協會、陝西省西安市道教協會、陝西省佳縣白雲觀道教協會、河南省登封市中嶽廟、湖北省武當山道教協會、四川省道教協會、重慶市道教協會、湖南省南嶽道教協會、福建省道教協會、海南省道教協會、江西省道教協會、上海市道教協會、江蘇省蘇州市道教協會、江蘇省茅山道教協會、山東省泰山道教協會，以及山西省運城財稅局、山西芮城道教文化促進會、山西省芮城永樂宮管委會和山西省晉城市、長治市等許多有關單位的大力支持，使這一書稿與相關圖片才得以順利完成。在此，特別致以誠摯的謝意。

王宜峨

於北京鑫雅苑　　2011年9月

主要參考書

《中國古代建築史》	劉敦楨主編	中國建築工業出版社1984年6月第二版
《土木華章》	鄭慶春著	山西人民出版社2006年6月版
《長治五代建築新考》	賀大龍著	文物出版社2008年10月版
《中國古代建築詞典》	呂松雲、劉詩中執筆	中國書店1992年12月版
《中國名勝詞典》	國家文物事業局主編	上海辭書出版社1981年10月版
《道教與藝術》	王宜峨著	臺灣文津出版社1997年5月版
《山西風景名勝》	山西省住房和城鄉建設廳主編	中國建築工業出版社2011年4月版

圖書在版編目（CIP）數據

玉宇瓊樓：道教宮觀的規制與信仰內涵 / 王宜峨著. — 北京：五洲傳播出版社, 2012.7
ISBN 978-7-5085-2320-0
Ⅰ.①玉… Ⅱ.①王… Ⅲ.①道教—宗教建築—建築藝術—中國 Ⅳ.①TU-098.3
中國版本圖書館CIP數據核字(2012)第165377號

蓬瀛仙館道教文化叢書藝術精華系列之二

玉宇瓊樓 道教宮觀的規制與信仰內涵

出 版 社　五洲傳播出版社
地址：北京市海澱區北三環中路31號生產力大廈7層
郵編：100088　電話：010-82001477
網址：http://www.cicc.org.cn/

出 品 人　蓬瀛仙館
地址：香港粉嶺百和路六十六號蓬瀛仙館
網址：http://www.fysk.org/
電郵：info@fysk.org
電話：（852）2669 9186
傳真：（852）2669 8777

主　　編　蓬瀛仙館道教文化中心
撰　　稿　王宜峨
圖片編輯　蔡　程
編　　校　陳敬陽　簡煒豪　袁寶儀
統籌策劃　北京紫航文化藝術有限公司
責任編輯　蔡　程　楊　傑
設計製作　仁　泉　殷金花
攝　　影　蔡　程　任正煒　王宜峨
製　　版　北京紫航文化藝術有限公司
印　　刷　北京盛天行健藝術印刷有限公司
規　　格　大16開（210×285mm）
印　　張　22
版　　次　2013年1月第一版第一次印刷
書　　號　ISBN 978-7-5085-2320-0
定　　價　420.00元

若遇印裝質量問題請與北京紫航文化藝術有限公司聯繫調換
電話：010-68672531　010-68690700